★★★投考公務員系列★★★

懲教

綜合全攻略

CORRECTIONAL SERVICES
RECRUITMENT GUIDE

U0152166

CORRECTIONAL
SERVICES
懲教
HONG KONG

ng Kong Correctional

推薦序（一）

六十年磨一劍！讀完鄧Sir力作《懲教 綜合全攻略》之後，覺得內容精闢之餘，更能深入淺出，不但將其服務懲教署三十一年來的寶貴經驗融入書中與讀者分享，更帶出今天懲教事務所面對的挑戰。

本人服務懲教署三十四年，六年前退休時是總懲教主任。我認識鄧Sir超過三十年，期間共事同一院所亦接近十年，所以我對他了解不可謂不深。他引起我注意是從我發現這位年青人（二十六年前）為何常常來去匆匆，後來知道，原來他於在職期間，仍不斷持續進修，從而加強自己的理論基礎，利用工餘時間考獲不同專業的碩士及學士學位，更不斷進修一些與工作相關的文憑或證書課程。以一位要擔任輪班工作的管理級懲教人員來說，如此日夜勞累，無論在時間上或精神上都是極重的負擔，但在此艱難的日子裏，我目睹鄧Sir毫無怨言，低頭苦幹，成功確是得來不易，並且在他身上，完全體現終身學習和自我增值的精神。

金是始終會發亮的！部門亦注意到鄧Sir堅毅不拔，知識理倫基礎豐厚的優點，所以不斷委派他擔任一些重要職務，其中包括部門典範雲集的職員訓練院教官一職、負責探討現代科技的應用，以提升部門運作效率和加強保安的管理事務及研究組的工作，和提供專業心理服務的心理服務組成員等等。鄧Sir對部門的科技發展貢獻良多，他用其專業知識，協助部門的巡邏管理系統由機械式，一步到位發展到電子式，大大加強了部門的保安層次。

總而言之，能認識鄧Sir並和其共事，本人獲益良多，今次亦得其錯愛，邀請我為其力作寫序，深感榮幸！

許國泰

前總懲教主任

推薦序（二）

我認識鄧國良先生早於一九八五年初在青少年院所，當時我們是屬於不同工作性質的組別，認識不深。在一次偶然的機會，大家傾談起使用個人電腦的問題，從交談中知道鄧先生對電算機有豐富的認識，他更詳細解釋怎樣從數萬個紀錄中，快捷提取目標的方法，令我對他有進一步的認識和了解。

在退休前，我和鄧先生一同工作於東頭懲教所。當時，該院所尚未成為香港第一間成人無煙設施，鄧先生以值日主管的身份，不斷接見決心不足和想轉回吸煙的在囚人士，鼓勵他們作出對自己最好的選擇。由於鄧先生有豐富的人生及工作經驗，並充滿熱誠，絕大部份被接見者都能加強戒煙的決心。

鄧先生曾在多個不同組別工作，其中包括職員訓練院，憑其對工作認真的態度和熱誠，豐富的工作經驗及清楚署方的運作程序與方向，對訓練準新學員絕對有極大幫助。

黃耀宗
前懲教主任

自序

現在正是懲教署的退休高峰期，無論是「懲教主任」或「二級懲教助理」的職級，將需要大量招聘人手，有志在懲教署發展的人士，這正是大好的時機。

懲教署設有一套嚴謹的招募程序，以挑選及評核合適人材。遴選流程主要包括「體能測驗」、「小組面試」、「能力傾向測試及基本法知識測試」和「最後面試」四個階段，當中包括有測試投考者的自信心、觀察力、判斷力、表達能力、溝通技巧、分析能力、資源管理、懲教事務、社會認知及服務社會的決心。除了以上的核心才能外，投考者還要有敏銳的社會觸覺和前瞻性。因此，若然有志加入懲教署的人士，就必需要做好全面準備，以應付各項遴選程序的挑戰。

本書具高度參考價值，除了提供有關懲教署的基本知識外，還列出各項遴選程序的要求及甄選準則，更指出一般考生通常犯錯的地方，並邀請成功通過考核的考生，道出成功通過考核的過程、經驗及其準備功夫。

筆者冀望能透過此書，將一些有用的參考資料提供予有志投身懲教署的人士。

最後，預祝各位投考成功，並滿懷使命感地，在懲教署發展您的終身事業，使香港懲教署成為國際推崇的懲教機構，而香港則為全球最安全的都會之一。

鄧國良
前懲教主任

目錄

PART 03 ■二級懲教助理

PART 04 ■應試必備攻略

PART 05 ■懲教署重要資料

PART

01

認識懲教署

懲教署的歷史

香港懲教服務歷史悠久，可以追溯至一八四一年。當年，香港第一所監獄：域多利監獄的設立，並由當時負責管理警隊和監獄的首席裁判司管轄。

一八七九年，監獄正式脫離警隊，成為獨立機關。

一九七八年，當時的監獄署開始參與管理越南難民的工作。

一九八二年，「監獄署」正式易名為「懲教署」，以反影部門重視犯人康復，並確立未來發展的方向。

一九九八年，關閉了最後一個由懲教署管理的越南船民羈留中心 - 萬宜羈留中心。

二零一五年，懲教署連續十年獲得「同心展關懷」榮譽。此獎項旨在嘉許積極參與社會服務，關心弱勢社群的社團組織、專業團體及政府部門。

作為香港刑事司法體系重要的一環，懲教署是根據香港法例執行職務，以安全、穩妥、合適而人道的環境，羈管交由該署監管的人士，並提供全面的更生服務，幫助他們重返社會，成為奉公守法的市民。全賴懲教署人員盡忠職守，不辭辛勞，勇於面對挑戰，香港的懲教制度備受國際推崇，而社會亦對罪犯的改造及更生日益重視。

懲教署的「抱負、任務及價值觀」

抱負
成為國際推崇的懲教機構，使香港為全球最安全的都會之一

任務
我們以保障公眾安全、減少罪案為己任，致力以穩妥、安全和人道的方式，配合健康和合適的環境羈管交由本署監管的人士，並與社會大眾及其他機構攜手合作，為在囚人士提供更生服務。

價值觀

秉持誠信
持守高度誠信及正直的標準，秉承懲教精神，勇於承擔責任，以服務社會為榮。

專業精神
全力以赴，善用資源，提供成效卓越的懲教服務，以維護社會安全和推展更生工作。

以人為本
重視每個人的尊嚴，以公正持平及體諒的態度處事待人。

嚴守紀律
恪守法治，重視秩序，崇尚和諧。

堅毅不屈
以堅毅無畏的精神面對挑戰，時刻緊守崗位，履行服務社會的承諾。

懲教署的組織及架構

懲教署由懲教署署長（邱子昭先生）領導，屬下有一名副署長（林國良先生）。

副署長之下有四名助理署長、一名政務秘書（文職職位）、兩名懲教事務總監督及一名總經理（懲教署工業組），均屬首長級人員。

懲教署設有五個處，分別負責特定的工作範疇：

(1)行動處

提供優質服務以維持懲教設施的保安、秩序和紀律，盡可能把在囚人士逃獄及違反紀律的機會減至最低，並且防範毒品流入懲教設施。此外，更為在囚人士提供足夠的羈管照顧、基本生活所需，以及健康和合適的生活環境。

(2)更生事務處

持續推行多元而適切的更生計劃，以及通過全面的監管服務協助罪犯改過自新和重新融入社會。

(3)人力資源處

通過實施策略性人力資源發展計劃，致力成為專業和誠信的隊伍，以迎接未來的挑戰及實現部門長期可持續的發展。

(4)服務質素處

適時進行檢討和推行優化措施,以維持及提升工作表現。

(5)行政及策劃處

為部門及各懲教院所提供各種支援服務,包括行政、會計、整合科技、工程及策劃、公共關係及對外事務和統計及研究等。

懲教署組織架構圖

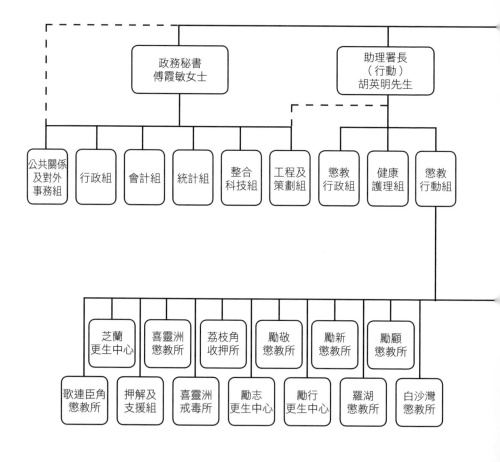

政務秘書
傅霞敏女士

助理署長
（行動）
胡英明先生

公共關係
及對外
事務組

行政組

會計組

統計組

整合
科技組

工程及
策劃組

懲教
行政組

健康
護理組

懲教
行動組

芝蘭
更生中心

喜靈洲
懲教所

荔枝角
收押所

勵敬
懲教所

勵新
懲教所

勵顧
懲教所

歌連臣角
懲教所

押解及
支援組

喜靈洲
戒毒所

勵志
更生中心

勵行
更生中心

羅湖
懲教所

白沙灣
懲教所

－ － － － － － － 職能上的責任

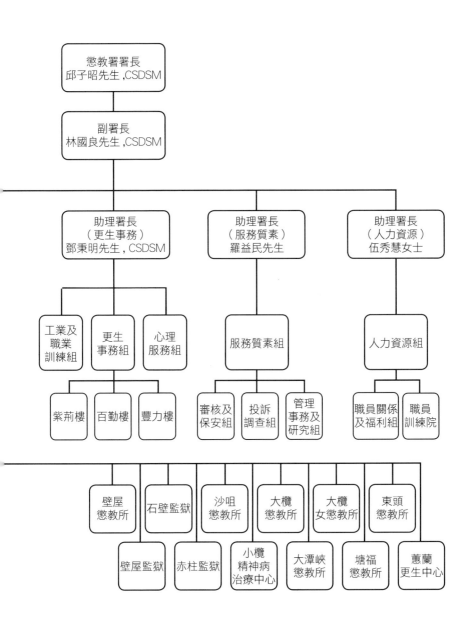

懲教署署長
邱子昭先生 ,CSDSM

副署長
林國良先生 ,CSDSM

助理署長
（更生事務）
鄧秉明先生 , CSDSM

助理署長
（服務質素）
羅益民先生

助理署長
（人力資源）
伍秀慧女士

工業及職業訓練組

更生事務組

心理服務組

服務質素組

人力資源組

紫荊樓

百勤樓

豐力樓

審核及保安組

投訴調查組

管理事務及研究組

職員關係及福利組

職員訓練院

壁屋懲教所

石壁監獄

沙咀懲教所

大欖懲教所

大欖女懲教所

東頭懲教所

壁屋監獄

赤柱監獄

小欖精神病治療中心

大潭峽懲教所

塘福懲教所

蕙蘭更生中心

懲教署的階級徽章

懲教署署長

懲教署副署長

懲教署助理署長

懲教事務總監督

懲教事務高級監督

懲教事務監督

總懲教主任

高級懲教主任

懲教主任

懲教主任（試用期）

一級懲教助理

二級懲教助理

工藝導師

工藝教導員

懲教署階級

職級 — 懲教職系	中文名稱	簡稱	英文名稱
首長級	懲教署 署長	CCS	Commissioner of Correctional Services
	懲教署 副署長	DC	Deputy Commissioner
	懲教署 助理署長	AC	Assistant Commissioner
	懲教事務 總監督	CS	Chief Superintendent
主任級	懲教事務高級監督	SS	Senior Superintendent
	懲教事務監督	S	Superintendent
	總懲教主任	CO	Chief Officer
	高級懲教主任	PO	Principal Officer
	懲教主任	Offr	Officer
員佐級	一級懲教助理	AO I	Assistant Officer I
	二級懲教助理	AO II	Assistant Officer II

職級 — 工業職系	中文名稱	簡稱	英文名稱
首長級	懲教署 署長	CCS	Commissioner of Correctional Services
	懲教署 副署長	DC	Deputy Commissioner of Correctional Services
	懲教署 助理署長	AC	Assistant Commissioner of Correctional Services
	總經理	GM	General Manager
主任級	懲教事務監督	S(CSI)	Superintendent (Correctional Services Industries)
	總工業主任	CIO	Chief Industrial Officer
	高級工業主任	PIO	Principal Industrial Officer
	工業主任	IO	Industrial Officer
	工藝導師	TI	Technical Instructor
員佐級	工藝教導員	Inst	Instructor

註 (1)：懲教署工業組職系是專責教導犯人職業技能及監督犯人的工作、監督生產工序，以及保持產量和質素。

註 (2)：工藝教導員職系是懲教署工業組的「員佐級」職系，負責監督小型工場，進行日常生產。

29 間懲教設施

懲教署負責管理29間懲教設施，當中包括有：

- 13所「監獄」
- 3所「戒毒所」
- 2所「教導所」
- 1所「勞教中心」
- 4所「更生中心」
- 3所「中途宿舍」
- 2間設於公立醫院的「羈留病房」
- 1所「精神病治療中心」

根據資料顯示，直至2016年年底，懲教署的人手編制大約有6,907名職員，負責提供全面的關顧服務，照顧大約8,400名在囚人士以及2,000名接受善後監管者。

至於被判監禁的罪犯是會根據「性別」、「年齡」以及「保安類別」而作出分類，然後安排送往相關的懲教院所展開服刑。

而「保安類別」的劃分準則，主要是考慮罪犯「對社會造成的威脅」以及是否「初犯」。

懲教署亦會根據「不同年齡」、「性別」的罪犯收押在不同範疇的懲教院所，當中包括：

- 14至20歲的年輕男、女罪犯，會被判入「教導所」又或者「更生中心」
- 14至24歲的男罪犯，會被判入「勞教中心」
- 吸毒犯人會被判入「戒毒所」接受治療
- 需要接受精神病治療的罪犯，會被收押在「小欖精神病治療中心」

懲教署會妥善照顧在囚人士日常的起居以及飲食，並會根據規定的「營養價值」、在囚人士的「健康狀況」、「宗教信仰」從而安排適當的膳食。

根據法例規定，除經醫生證明在囚人士健康欠佳者，否則已經定罪的成年在囚人士必須每星期工作6天。有關的院所會因應下列4項因素，從而分派在囚人士到不同的崗位工作：

1）保安類別

2）健康狀況

3）個人背景

4）所餘刑期

在囚人士於工作後，是會獲發工資作為鼓勵，目的是建立良好的工作習慣及學習職業技能，並且可以讓他們用工資購買獲批准的小賣物品。

而在囚人士在服刑期間，是可以獲得安排以下的活動：

- 收看電視節目
- 閱讀報章
- 借閱書籍
- 與外界通信
- 定期接受親友探訪
- 如果沒有親友探訪的在囚人士，經核准的志願機構可以安排探望該些在囚人士
- 未滿21歲的在囚人士必須接受教育及職業訓練，而成年在囚人士則可自由選擇是否參加
- 參與院所舉辦的宗教活動

就下列的人士，可以獲得安排入住中途宿舍，至於住宿多久則會視乎個別情況而作出決定。

在離開中途宿舍後，他們會獲准回家或在其他地方居住，但是依然須接受善後監管：

1) 根據釋前就業計劃獲釋的在囚人士
2) 從教導所、勞教中心、更生中心或戒毒所釋放，但仍然須要接受監管的在囚人士
3) 有特別需要的更生人士

懲教署的設施，合共收納大約8千多名在囚人士。而當中包括有：

- 高度設防監獄
- 中度設防監獄
- 低度設防監獄
- 精神病治療中心
- 勞教中心
- 更生中心
- 教導所
- 戒毒所

院所類別（以「性別、年齡、保安等級」作出分類）

- **性別**
  男性
  女性
  男性及女性（分開囚禁）

- **年齡**
  任何年齡
  成年犯人（21歲或以上）
  年輕犯人（14 - 20 歲）

- **保安等級**
  高度設防
  中度設防
  低度設防

- **其他**
  更生中心
  中途宿舍
  羈留病房

院所類別 - 男性院所（共20所）

（1） 歌連臣角懲教所	（2） 喜靈洲戒毒所
（3） 喜靈洲懲教所	（4） 荔枝角收押所
（5） 勵志更生中心	（6） 勵行更生中心
（7） 勵新懲教所	（8） 白沙灣懲教所
（9） 百勤樓	（10） 豐力樓
（11） 壁屋懲教所	（12） 壁屋監獄
（13） 瑪麗醫院羈留病房	（14） 沙咀懲教所
（15） 石壁監獄	（16） 赤柱監獄
（17） 大欖懲教所	（18） 大潭峽懲教所
（19） 塘福懲教所	（20） 東頭懲教所

院所類別 — 女性院所（共7所）

（1） 紫荊樓	（2） 芝蘭更生中心
（3） 勵敬懲教所	（4） 羅湖懲教所
（5） 勵顧懲教所	（6） 大欖女懲教所
（7） 蕙蘭更生中心	

院所類別 — 男性及女性（分開囚禁）（共2所）

（1） 伊利沙伯醫院羈留病房	（2） 小欖精神病治療中心

院所類別 — 任何年齡（共6所）

(1) 紫荊樓	(2) 勵新懲教所
(3) 豐力樓	(4) 伊利沙伯醫院羈留病房
(5) 瑪麗醫院羈留病房	(6) 小欖精神病治療中心

院所類別 - 成年犯人（21歲或以上）（共14所）

(1) 喜靈洲戒毒所	(2) 喜靈洲懲教所
(3) 荔枝角收押所	(4) 羅湖懲教所
(5) 勵顧懲教所	(6) 白沙灣懲教所
(7) 百勤樓	(8) 壁屋監獄
(9) 石壁監獄	(10) 赤柱監獄
(11) 大欖女懲教所	(12) 大欖懲教所
(13) 塘福懲教所	(14) 東頭懲教所

院所類別 — 年輕犯人（14-20歲）（共9所）

(1) 歌連臣角懲教所	(2) 芝蘭更生中心
(3) 勵志更生中心	(4) 勵行更生中心
(5) 勵敬懲教所	(6) 壁屋懲教所
(7) 沙咀懲教所	(8) 大潭峽懲教所
(9) 蕙蘭更生中心	

院所類別 — 高度設防（共6所）

(1)	荔枝角收押所	(2)	壁屋懲教所
(3)	石壁監獄	(4)	小欖精神病治療中心
(5)	赤柱監獄	(6)	大欖女懲教所

院所類別 — 中度設防（共4所）

(1)	喜靈洲懲教所	(2)	羅湖懲教所
(3)	白沙灣懲教所	(4)	塘福懲教所

院所類別 — 低度設防（共14所）

(1)	歌連臣角懲教所	(2)	芝蘭更生中心
(3)	喜靈洲戒毒所	(4)	勵志更生中心
(5)	勵行更生中心	(6)	勵敬懲教所
(7)	勵新懲教所	(8)	勵顧懲教所
(9)	壁屋監獄	(10)	沙咀懲教所
(11)	大欖懲教所	(12)	大潭峽懲教所
(13)	東頭懲教所	(14)	蕙蘭更生中心

院所類別 ── 更生中心（共4間）

(1) 芝蘭更生中心
(2) 蕙蘭更生中心
(3) 勵行更生中心
(4) 勵志更生中心

院所類別 ── 中途宿舍（共3間）

(1) 紫荊樓
(2) 百勤樓
(3) 豐力樓

院所類別 ── 羈留病房(共2間)

(1) 伊利沙伯醫院羈留病房
(2) 瑪麗醫院羈留病房

白沙灣懲教所。

院所類別（以下是用「地點」作出分類）

	香港島	九龍	新界	大嶼山	喜靈洲
（1）	歌連臣角懲教所	荔枝角收押所	紫荊樓	勵志更生中心	喜靈洲懲教所
（2）	白沙灣懲教所	勵志更生中心	芝蘭更生中心	沙咀懲教所	喜靈洲戒毒所
（3）	瑪麗醫院羈留病房	豐力樓	蕙蘭更生中心	石壁監獄	勵新懲教所
（4）	赤柱監獄	百勤樓	羅湖懲教所	塘福懲教所	勵顧懲教所
（5）	大潭峽懲教所	伊利沙伯醫院羈留病房	壁屋懲教所		
（6）	東頭懲教所		壁屋監獄		
（7）			小欖精神病治療中心		
（8）			大欖女懲教所		
（9）			大欖懲教所		
（10）			勵敬懲教所		
共有	6間院所	5間院所	10間院所	4間院所	4間院所

總共29間院所

院所類別（以下是用「設施類別」作出分類）

懲教院所(Institution)

監獄(Prison) — 13所

(1) 荔枝角收押所

(2) 喜靈洲懲教所

(3) 羅湖懲教所

(4) 白沙灣懲教所

(5) 壁屋懲教所

(6) 壁屋監獄

(7) 石壁監獄

(8) 赤柱監獄

(9) 大欖女懲教所

(10) 大欖懲教所

(11) 大潭峽懲教所

(12) 塘福懲教所

(13) 東頭懲教所

戒毒所(Drug Addiction Treatment Centre) — 3所

(1) 喜靈洲戒毒所

(2) 勵新懲教所

(3) 勵顧懲教所

教導所(Training Centre)- 2所

(1) 歌連臣角懲教所

(2) 勵敬懲教所

勞教中心(Detention Centre)- 1所

(1) 沙咀懲教所

更生中心(Rehabilitation Centre)-4所

(1)　勵志更生中心
(2)　勵行更生中心
(3)　芝蘭更生中心
(4)　蕙蘭更生中心

中途宿舍(Half-way House)-3所

(1)　豐力樓
(2)　百勤樓
(3)　紫荊樓

羈留病房(Custodial Ward)-2所(設於公立醫院)

(1)　瑪麗醫院羈留病房
(2)　伊利沙伯醫院羈留病房

精神病治療中心(Psychiatric Centre)-1所

(1)　小欖精神病治療中心

壁屋懲教所。

PART

02

懲教主任

懲教主任 - 招聘

現時「懲教主任」起薪點介乎32,370元至40,755元不等，視乎學歷而定，並且可以享有公務員的福利。

有志投考「懲教主任」者，需要通過四關才能獲聘，當中包括：「體能測試」、「寫作測試」、「小組面試」及「最後面試」。

懲教署表示投考「懲教主任」者，於第一關「體能測試」已經淘汰四分三人。因此呼籲有志投考「懲教主任」人士切勿「臨急抱佛腳」，應於投考前勤操體能，以符合署方的體格要求。並且多關心時事新聞、部門動向，特別是與「懲教署」有關的新聞及背景資料都是面試環節的「熱門話題」，從而展現出對懲教署工作充滿熱誠，為投考做足準備，才可增加獲取錄的機會。

由於懲教人員角色獨特，需要在工作上同時擔任社會的守護者和更生的領航員，透過執行這些非一般的任務，協助在囚人士改過和爭取社會大眾對更生人士的支持，減低他們重犯的風險，讓香港更加安定繁榮。

而在囚人士在押期間，懲教署會為他們提供市場導向的職業訓練，和為適學的青少年在囚人士及有興趣的成年在囚人士提供教育，希望提升他們離所後的競爭能力，使他們更容易重投社會。此外，亦會為有需要的在囚人士提供心理輔導服務和離所後的輔導跟進服務。

獲得取錄的「懲教主任」須於職員訓練院接受26個星期的留宿訓練。入職訓練課程包括課堂上學習法例及學術科目，例如犯罪學、心理學、懲教學、亦有步操訓練、武器及槍械使用、領導及信心訓練、急救訓練和緊急應變訓練等。

有志投考「懲教主任」人士應瀏覽懲教署網址（www.csd.gov.hk），並且進一步查閱投考「懲教主任」的入職要求和其他詳細資料。

懲教主任 - 入職條件

學歷與薪酬：

入職條件	起薪點 GDS(O)
(i)（A）香港本地院校所頒授的學位，或同等學歷 [註 (a)]，及（B）符合語文能力要求，在綜合招聘考試兩張語文試卷 (中文運用及英文運用) 取得「一級」成績 [註 (b) 及 (c)]，或同等成績；或	9 (HK$40,755)
(ii) 符合語文能力要求 ，即在香港中學文憑考試或香港中學會考中國語文科及英國語文科考獲第 2 級或以上成績 [註 (d)]，或具同等成績；及	8 (HK$38,630)
(1) 香港本地院校所頒授的學位，或註冊專上學院註冊後所頒發的文憑，或香港其中一所理工大學 / 理工學院 / 香港專業教育學院 / 科技學院的高級文憑，或香港高等院校頒發並獲認可的副學士學位，或具同等學歷；或	8 (HK$38,630)
(2) 香港護士管理局頒發的註冊護士證書 (第二部)，或具同等學歷；或	8 (HK$38,630)
(3)（ i) 在香港中學文憑考試五科考獲第 3 級或同等 [註 (e)] 或以上成績 [註 (f)]，或具同等學歷；或（ ii) 在香港高級程度會考兩科高級程度科目考獲 E 級或以上，並在香港中學會考另外三科考獲第 3 級 [註 (d)]/C 級或以上成績 [註 (f)] ，或具同等學歷；或	7 (HK$36,540)
(4) 香港其中一所理工學院 / 理工大學的社會工作文憑，或具同等學歷 ；或	7 (HK$36,540)
(5) 香港護士管理局頒發的註冊護士證書 (第一部)，或具同等學歷 ；或	7 (HK$36,540)
(6)（ i) 在香港中學文憑考試四科考獲第 3 級或具同等 [註 (e)] 或以上成績 [註 (f)]，或具同等學歷 ；或（ ii) 在香港高級程度會考一科高級程度科目考獲 E 級或以上成績 ， 並在香港中學會考另外三科考獲第 3 級 [註 (d)]/C 級或以上成績 [註 (f)]，或具同等學歷。	5 (HK$32,370)

註 :

(a) 持有本港以外學府及非香港考試及評核局頒授的學歷人士亦可申請，惟其學歷必須經過評審以確定是否與職位所要求的本地學歷水平相若。

(b) 持有學位的申請人如在獲發聘書時持有綜合招聘考試中文運用及英文運用兩張試卷所需的成績或同等成績，便符合資格獲取學位持有人的起薪點。

(c) 中文運用及英文運用試卷的考生成績分為「二級」、「一級」或「不及格」，並以「二級」為最高等級。

香港中學文憑考試中國語文科第 5 級或以上成績；或香港高級程度會考中國語文及文化、中國語言文學或中國語文科「C」級或以上和「D」級成績則分別會獲接納為等同綜合招聘考試中文運用試卷的「二級」和「一級」成績。

中學文憑考試英國語文科第 5 級或以上成績；或香港高級程度會考英語運用科 C 級或以上成績；或 General Certificate of Education (Advanced Level)(GCE A Level)English Language 科 C 級或以上成績，會獲接納為等同綜合招聘考試英文運用試卷的二級成績。香港中學文憑考試英國語文科第 4 級成績；或香港高級程度會考英語運用科 D 級成績；或 GCE A Level English Language 科 D 級成績，會獲接納為等同綜合招聘考試英文運用試卷的一級成績。

在 International English Language Testing System (IELTS) 學術模式整體分級取得 6.5 或以上，並在同一次考試中各項個別分級取得不低於 6 的成績的人士，在 IELTS 考試成績的兩年有效期內，會獲接納為第同綜合招聘考試英文運手試卷的二級成績。

IELTS 考試成績必須在職位申請期內其中任何一日有效。

(d) 政府在聘任公務員時，過往香港中學會考中國語文科和英國語文科 (課程乙) C 級及 E 級的成績， 在行政上會分別被視為等同 2007 年或以後香港中學會考中國語文科和英國語文科第 3 等級和第 2 等級的成績。

(e) 政府在聘任公務員時，香港中學文憑考試應用學習科目 (最多計算兩科)「達標並表現優異」成績，以及其他語言科目 C 級成績會被視為相等於新高中科目第 3 級成績；

香港中學文憑考試應用學習科目 (最多計算兩科)「達標」成績 ，以及其他語言科目 E 級成績，會被視為相等於新高中科目第 2 級成績。

(f) (ii)(3)(i) 及 (ii)(6)(c) 所指的科目，可包括中國語文科及英國語文科。

(g) 申請人可參閱懲教署網頁 (網址：http:// www.csd.gov.hk) 懲教主任招考程序。

通過體能測試的申請人會被邀請參加寫作測試。

只有通過體能測試、寫作測試、小組面試及其後的最後面試的申請人才會獲考慮聘任。

(h) 為提高大眾對《基本法》的認知和在社區推廣學習《基本法》的風氣，所有公務員職位的招聘，均會包括《基本法》知識的評核。

應徵者如獲邀參加筆試，會被安排於筆試當日接受基本法筆試。應徵者在基本法測試的表現，會用作評核其整體表現的其中一個考慮因素。

懲教主任 - 入職薪酬

起薪點視乎學歷，分別為一般紀律人員（主任級）薪級表
-第5點（每月32,370元）
-第7點（每月36,540元）
-第8點（每月38,630元）
-第9點（每月40,755元）

一般紀律人員（主任級）薪級表（懲教主任）

薪點	由 2016 年 4 月 1 日起		薪點	由 2016 年 4 月 1 日起	
39	132,580		18	60,110	
38	128,325		17	60,110	
37	123,355		16	57,550	
36	118,395		15	54,925	
35	113,965		14	52,355	
34	109,750		13	49,845	
33	105,815		12	47,325	
32	99,150		11	45,025	
31	95,600		10	42,865	
30	92,130		9	40,755	懲教主任 - 起薪點
29	88,815		8	38,630	懲教主任 - 起薪點
28	85,570		7	36,540	懲教主任 - 起薪點
27	82,500		6	34,480	
26	79,470		5	32,370	懲教主任 - 起薪點
25	76,485		4	30,540	
24	73,795		3	29,100	
23	71,115		2	27,640	
22	68,520		1	26,470	
21	66,230	懲教主任 - 頂薪點	1a	25,335	
20	65,740		1b	24,235	
19	65,040		1c	23,210	
			1d	22,195	

懲教主任 - 職責

- 督導初級職員、獄中在囚人士、教導所／更生中心或勞教中心的青少年，以及戒毒所內的戒毒者，或在懲教院所內的醫院或更生事務組工作；
- 在懲教院所內擔任指定膳食的供應工作；
- 管理設於監獄、懲教院所或戒毒所內的懲教工業工場，負責特定工作如製造產品及品質管理、監督屬下人員、設施及物料策劃和其他相關職務；
- 負責懲教署工業及職業訓練組的特定工作，包括市場推廣、產品研發、資源策劃、程序策劃、圖則設計、生產時間安排及控制、工程管理、品質管理、物流管理及職業訓練活動的管理；
- 執行其他獲指派的工作。

（註：須受監獄條例約束，並可能須穿著制服，輪班當值及在部門宿舍居住。）

懲教主任 - 訓練

新聘用的懲教主任，均須在赤柱職員訓練院接受為期26星期的訓練，包括在各類懲教院所實習。

懲教主任 - 晉升機會

懲教主任通過部門升級考試後，可獲考慮晉升為「高級懲教主任」。

懲教主任 - 福利

懲教主任可享有多項福利，包括有薪假期、醫療與牙科診療及在適當情況下，可獲得房屋資助。又可成為職員會所及官員會所會員，享用各項設施，包括游泳池、網球場、兒童遊樂場、餐館、酒吧等。

懲教署設有福利基金，用以幫助職員及其家人。此外，各懲教院所均設有康樂室，供職員使用。

懲教主任 - 投考方法

當懲教署需要招聘「懲教主任」時，會在懲教署的網頁(http://www.csb.gov.hk)及公務員事務局的網頁(http://www.csb.gov.hk)刊登廣告，詳細列明入職條件、職責、聘用條款、申請手續及查詢方法等。

有興趣的人士如符合該職位的入職條件，可根據招聘廣告上的手續作出申請。

申請人於獲聘時必須是香港特別行政區永久性居民。

懲教主任 - 招考程序

體能測驗(Physical Fitness Test)

申請人必須在「體能測驗」項目中取得及格成績方會獲邀請參加「寫作測試」

寫作測試(Written Test)

- 英文寫作測試 (Written Test in English Language)
- 中文寫作測試 (Written Test in Chinese Language)
- 能力傾向測試 (Aptitude Test)
- 基本法知識測試 (Basic Law Test)

申請人必須在「寫作測試」環節取得及格成績方會獲邀請參加「小組面試」

小組面試(Group Interview)

申請人必須在「小組面試」環節取得及格成績方會獲邀請參加「最後面試」

最後面試(Final Interview)

- 即時演說 (Impromptu Talk)
- 個別面試 (Individual Interview)

在「最後面試」環節取得及格成績的申請人才會獲考慮聘任

懲教主任 - 體能測驗
(Physical Fitness Test)

「懲教主任 / 二級懲教助理」職位申請人的體能測試均於「懲教署職員訓練院」內舉行。

- 懲教署會用電郵邀請申請人出席「體能測試」。
- 有關電郵將於測試日前至少兩星期發給有關申請人。
- 申請人必須按邀請電郵列明的日期及時間出席該測試，懲教署不接受改期申請。
- 如申請人缺席「體能測試」，其申請將作放棄論。懲教署會即時終止處理其「懲教主任/ 二級懲教助理」職位申請而不會另行通知。
- 假如天文台在早上七時正懸掛八號或以上熱帶氣旋警告信號及/或發出黑色暴雨警告，當日所有「體能測試」將會延期舉行。懲教署會儘快通知有關申請人新訂的測試日期及相應安排。

投考「懲教主任」與「二級懲教助理」的「體能測驗」項目是相類同，當中包括：
1. 仰臥起坐（一分鐘）
2. 穿梭跑（9米 X 10次）
3. 俯撐取放（三十秒）
4. 立地向上直跳（三次試跳）
5. 800米跑等

註：
1. 考生必須完成「體能測試」每一個項目。
2. 考生若要通過「體能測試」，必須在各項目中取得最少一分，並且總分不可少於十五分；若有任何一個項目未能取得分數，均會作未能通過體能測驗論。

項目	得分 男 / 女					
	0	1	2	3	4	5
仰臥起坐 (一分鐘)	≤ 36 次 / ≤ 23 次	37-40 次 / 24-28 次	41-44 次 / 29-32 次	45-48 次 / 33-37 次	49-52 次 / 38-41 次	≥ 53 次 / ≥ 42 次
穿梭跑 (9 米 X 10 次)	≥ 27.4"/ ≥ 35.4"	26.6"-27.3" / 33.7"-35.3"	25.9"-26.5" / 32.1"-33.6"	25.0"-25.8" / 30.4"-32.0"	24.3"-24.9" / 28.7"-30.3"	≤ 24.2" / ≤ 28.6"
俯撐取放 (三十秒)	≤ 14 次 / ≤ 12.5 次	14.5-15.5 次 / 13-14.5 次	16-17 次 / 15-16.5 次	17.5-18.5 次 / 17-18.5 次	19-20 次 / 19-20.5 次	≥ 20.5 次 / ≥ 21 次
立地向上直跳 (三次試跳)	≤ 40 厘米 / ≤ 27.5 厘米	41-44 厘米 / 28-31 厘米	45-48 厘米 / 31.5-34.5 厘米	49-52 厘米 / 35-38 厘米	53-56 厘米 / 38.5-41.5 厘米	≥ 57 厘米 / ≥ 42 厘米
800 米跑	≥ 3'51" / ≥ 5'14"	3'37"-3'50" / 4'56"-5'13"	3'23"-3'36" / 4'37"-4'55"	3'08"-3'22" / 4'18"-4'36"	2'54"-3'07" / 4'00"-4'17"	≤ 2'53" / ≤ 3'59"

「體能測驗」項目(1) ──仰臥起坐

懲教署要求投考者在1分鐘內進行「仰臥起坐」的測試,當中「正確動作」如下:

- ✓ 開始時雙腳緊勾架上的鐵管
- ✓ 雙腳的距離不能超過肩膀的寬度
- ✓ 雙腳呈90度屈曲
- ✓ 雙手交叉放於胸前,手指觸及鎖骨
- ✓ 仰臥上來的時候,雙手手肘均需要觸及大腿中間或以上的位置
- ✓ 回復動作時,肩胛骨需要觸及軟墊才是一次完整的動作

而以下是「仰臥起坐」測試的「錯誤動作」

⊗ 雙腳的距離超過肩膀的寬度

⊗ 雙腳屈曲不是90度

⊗ 仰臥上來時，雙手手指沒有觸及鎖骨

⊗ 仰臥上來時，拉扯衣服借力

⊗ 仰臥上來時，手肘沒有觸及大腿中間或以上位置

⊗ 回復動作時，肩胛骨未有觸及軟墊

「體能測驗」項目(2)—— 穿梭跑（9米X 10次）

懲教署要求投考者進行「穿梭跑」的測試，當中「正確動作」如下：

⊘ 考生需要在黃藍色虛線起步

⊘ 跑往對面的紅色線

⊘ 其中一隻腳的腳掌觸及或越過紅色線

⊘ 回程時，其中一隻腳的腳掌觸及或越過黃藍色虛線

⊘ 是為一次標準的來回跑，總共需要來回跑五次

而以下是「穿梭跑（9米X10次）」測試的「錯誤動作」：

⊗ 當考生在黃藍色虛線起步後，腳掌沒有觸及或越過任何紅色線或黃藍色虛線，便是錯誤動作

註：
- 教練會提示考生折返
- 四線考生沒有觸及界線需要折返
- 考生必須折返並觸及或越過界線，否則該次的來回跑不會被計算

「體能測驗」項目(3) ──
俯撐取放（三十秒）

懲教署要求投考者在30秒內進行「俯撐取放」的測試，當中「正確動作」如下：

⊘ 開始時考生需要雙手支撐身體成掌上壓的姿勢

⊘ 腰部保持挺直

⊘ 雙腳距離不能超過肩膀寬度

⊘ 考生可以選擇使用右手將豆袋從椅上拿下及左手將豆袋放回椅上，或者使用左手將豆袋從椅上拿下及右手將豆袋放回椅上

⊘ 當考生選擇了以上其中一種方法後往後的動作也必須相同

⊘ 取放過程中不會計算半次，只有當代表時間到的哨子聲響起時，考生剛好把豆袋放到地上，才會被計算半次

而「俯撐取放」項目的「錯誤動作」如下：

⊗ 雙腳距離超過肩膀寬度

⊗ 腰部過份抬高或沉低

⊗ 使用相同的手進行豆袋取放

⊗ 取放時除了手掌和雙腳前掌外，身體其他部位觸及地面

⊗ 取放過程中，必須手持豆袋，不能中途將豆袋掉下或拋擲豆袋到椅子上

⊗ 而在取放時，若果豆袋拋開或者椅子被移位，考生需要自行放回原位，才可再作開始

註：

根據以往的經驗，「懲教主任」的「體能測試」有近一半考生未能達標，而且投考者大多是在「俯撐取放」的項目中意外失手。而「俯撐取放」項目主要考驗投考者的上肢肌力，臂力、腰力和協調能力。

「體能測驗」項目(4) ——
立地向上直跳（三次試跳）

懲教署要求投考者進行「立地向上直跳」的測試，當中「正確動作」如下：

- ⊘ 開始時，雙腳緊貼站立
- ⊘ 腳尖觸及牆身
- ⊘ 雙手舉高，兩臂緊貼耳朵
- ⊘ 考生開始向上直跳的時候，雙腳腳掌需要平放地下
- ⊘ 向上跳躍的時候，雙腳要同時離地
- ⊘ 然後拍打讀數板
- ⊘ 考生只可以側身使用右手拍打讀數板，或者側身使用左手拍打讀數板

註：
考生在此項測試可以向上直跳三次，如果三次向上直跳的其中一次已經拿到滿分成績，便無須再跳。

而「立地向上直跳」項目的「錯誤動作」如下：

- ⊗ 腳尖離地起跳
- ⊗ 腳跟離地起跳
- ⊗ 雙腳腳掌重複跳動
- ⊗ 起跳前助跑

「體能測驗」項目(5)—— 800米跑

懲教署要求投考者進行「800米跑」的測試，當中「考核要求」如下：

- 由起步線至終點線的白線距離為20米再加6個圈
- 每個圈130米，總數為800米

⊘ 開始時，由起點線至終點線的20米，考生必需沿自己的線路跑
⊘ 越過白線才可以切線
⊘ 沿途不會報時及報圈數
⊘ 直至第五圈後才會報告圈數及通知考生可以衝線

期間如考生感到身體不適或者鞋帶鬆脫，考生可以舉手示意並跑進「雪糕筒」範圍內，在場職員會提供協助。
如果考生沒有舉手示意但踢倒「雪糕筒」或者跑進「雪糕筒」範圍內，考生會被取消此項目的測驗資格。

800 米跑測試。

考生實戰心得──體能測試

在此分享參與「體能測驗」的情況以及當日有關之經歷，情況如下：

首先我自己任職寫字樓工作的關係，平日甚少做運動，但是為了應付這次「懲教主任」的「體能測試」，我在1個多月之前，就已經開始每晚積極備戰，為了參與「體能測驗」而不停地進行鍛煉。

至於「懲教主任」的「體能測試」與「二級懲教助理」的測試是相類同。同樣是需要考5個項目，而當中每個項目的最高成績為5分，但如果在某一個項目測試之中只得0分，就要即時被淘汰出局，無得留低。

因此在「體能測試」之中，考生總共需要取得15分才算是合格，而且亦即是平均每項「體能測試」均必須要取得3分。而當「體能測試」合格後，考生才可以繼續參加下一關的「寫作測試」。

第一項體能測試：仰臥起坐（1分鐘）

原本在之前的地獄式訓練過程中，往往均可以在1份鐘之內做到50多次，但是可能因為當時自己太過緊張，一開始就不停地做。所以「催谷」到了第40次之時就已經無力，而且支撐到做完45次之後，原來還有7至8秒剩低，但我實在已經無可能再做到。

基於我在1份鐘之內做了45次「仰臥起坐」，因此我在這項測試之中取得了3分。

而在「仰臥起坐」這一項測試後，就已經淘汰了3名考生。

第二項體能測試：穿梭跑 (9米單程來回10次)

我之前經常在公園為這項「穿梭跑」測試進行反覆之鍛煉，所以只用了24.5秒左右就完成，而我在此項測試中取得了4分。

但當我完成了「仰臥起坐」及「穿梭跑」這2項測試之後，其實已經覺得非常之疲累。

而「穿梭跑」這一項測試，考官又再一次淘汰了3名考生。

第三項體能測試：俯撐取放(三十秒)

這是我經常在家中鍛煉及模擬的項目，「俯撐取放」測試首先要用雙手支撐身體，然後做出掌上壓的姿勢，之後再使用右手將豆袋從前面的椅上拿下，及再用左手將豆袋放回前面的椅子上。

而我在這項測試之中，由於總共做了20次，因此取得了4分。

第四項體能測試：立地向上直跳（三次試跳）

當時第一次「立地向上直跳」就被亞Sir指出犯了規，並不計算成績。

亞Sir並且表示原來我的「腳跟離地起跳」從而導致犯了規。

之後亞Sir好好人，話想一想正確的姿勢，然之後才起跳，於是我再次試跳，竟然跳出53厘米之成績，因此在這項測試之中取得了4分。

完成「立地向上直跳」這項體能測驗之後，現場只係剩低約一半的考生。

第五項體能測試：800米跑

終於捱到「體能測試」的最後一關，就是800米跑。

由於經歷過之前的4項「體能測驗」之後，其實我已經筋疲力盡、體力透支，狀態好唔掂。感覺自己已經是得番半條人命，是真的累到想死的那種情況。

但我當時在心中盤算過，只要在這項體能測驗之中，唔好取得0分就可以。

當時我跑了約250米左右，就已經開始覺得「唔夠氣」又「唔夠力」，但是我的腳步依然沒有停下來，最後終於依靠意志力堅持下，以3分10秒完成「800米跑」，並且這項體能測驗之中取得了3分。

當我完成了這5項「體能測驗」之後，我合共取得了18分，成功過關。

懲教主任 - 寫作測試 (Written Test)

指引:

「懲教主任」職位申請人的「寫作測試」將會發電郵通知所有在參加「體能測試」並取得及格成績的申請人有關寫作測試的安排。

- 有關申請人必須按通知電郵內列明的時間及地點應考。
- 任何有關要求改期或更改考試場地的申請不會獲得受理。
- 如申請人缺席「寫作測試」任何一份試卷（基本法知識測試除外），其申請將作放棄論，懲教署會即時終止處理其「懲教主任」職位申請而不會另行通知。
- 倘若天文台在早上七時正或以後，懸掛八號或以上颱風信號或發出黑色暴雨警告，「寫作測試」將會延期舉行。懲教署將盡快通知有關申請人新訂的測試日期及相應安排。

「寫作測試」共有4份試卷，而每份試卷所給予的時間如下：

(1) 英文寫作測試   60分鐘
(2) 中文寫作測試   75分鐘
(3) 能力傾向測試   40分鐘
(4) 基本法知識測試   25分鐘

備註：當考生完成「中、英文寫作測試」之後，考官會給予大約15分鐘的小休，然之後就會繼續進行「能力傾向測試」以及「基本法知識測試」。

英文寫作測試
(Written Test in English Language)

(1)　英文寫作測試 60分鐘（最少要有500字）

過去「英文寫作測試」的題目曾經包括：

- 財政司司長曾俊華突然宣佈修改財政預算案，取消原定財政預算案中的注資強積金措施，改為向每名本港十八歲以上永久性居民派發六千元現金。你對於此項政策有甚麼意見？

- 為鼓勵市民戒煙，香港海關收緊可入境的免稅香煙數目，由原先的3包，收緊為19支，而法例要求一包香煙必須要以20支出售，不能以19支出售。你對於政府限制入境只可帶十九支煙的做法有甚麼意見？

- 你對於今年的財政預算案有甚麼意見以及有甚麼改善香港經濟的方案？

- 如果你的同事因為私人問題及情緒困擾，因此嚴重影響工作表現，你會如何幫助此名同事重新振作呢？

- 假如你只剩下三天的壽命，你要怎麼利用？

- 假設有一天你去睇戲，但坐在前面的那兩名人士不斷地高談闊論，你會怎樣做？

中文寫作測試
(Written Test in Chinese Language)

(2)　中文寫作測試75分鐘（最少要有600字）

過去「中文寫作測試」的題目曾經包括：

- 你是一間五星酒店的保安經理，於晚上當值期間，有一名住客聲稱曾於下午離開酒店，但返回酒店房間後卻發現擺放於行李內的五千元現金不見了，並且表示懷疑是被其中一名清潔工人盜竊，但是該名清潔工人則堅持沒有盜竊上述的五千元現金，你會如何處理？

- 你是一間工廠的老闆，最近你的一名得力助手與部份替你工作多年的老

員工意見不合，從而導致工廠運作出現嚴重問題，你會如何處理？

- 假設現時懸掛3號風球，有一艘渡輪剛剛從中環開往梅窩。但當此渡輪到達梅窩碼頭之時，發覺因為惡劣天氣而導致無法安全泊岸。原來天文台已經改掛8號風球，因此渡輪無奈地駛往坪洲嘗試泊岸。但渡輪到達坪洲碼頭之後，幾經辛苦才能泊岸，亦能夠打開跳板，讓乘客落船。但當時船上有幾百名乘客表示不滿並且發生鼓噪，而且當中有幾十名乘客坐於跳板之上，阻礙其他乘客落船，起因是他們均居住在梅窩，但現時未能回家，如果你是當時身處現場的其中一名乘客，你會如何處理？

- 假設你是一名負責接待內地旅行團的本港導遊，而旅遊巴於前往酒店途中突然壞車，由於正值凌晨，因此未能及時安排其他旅遊巴接載車上的旅客，你會如何安撫及適當地作出處理？

- 你有一名老友，因為犯了性質嚴重的罪行而要入獄，你會如何撰寫一封信去安慰及鼓勵此名老友？

能力傾向測試（Aptitude Test）

(3)　能力傾向測試 40分鐘（約有80題）

通常包括：

- 10題是「能力傾向測試」
- 10題是「處境題」
- 60題是「心理測驗」

基本法知識測試（Basic Law Test）

(4)　基本法知識測試 25分鐘（15題）

「基本法知識測試」是一張設有「中、英文對照版本」的選擇題形式的試卷，全卷共有15題，考生須於25分鐘內完成。「基本法知識測試」並無設定及格分數，滿分為100分。

懲教主任 - 小組面試 (Group Interview)

指引：

- 「懲教主任」職位申請人的「小組面試」地點為懲教署職員訓練院。
- 「小組面試」以 10 名應考者為一組，每節為時約 60 分鐘。
- 「小組面試」中，應考者須作簡短自我介紹以及就社會議題及／或時事新聞進行小組討論。
- 面試期間，主考人員會在旁觀察，並根據應考者的談吐、是否成熟、常識、自信、使別人信服的能力、溝通技巧、執行能力及團隊合作等，評核他們的才能及表現。
- 只有通過「寫作測試」的申請人會獲邀參加「小組面試」。
- 有關申請人必須按通知信內列明的時間參加面試。
- 任何有關要求改期的申請不會獲得受理。凡缺席「小組面試」的申請人將作落選論，其申請即時取消，懲教署不會另行通知。
- 假如天文台在「小組面試」舉行當日早上 7 時懸掛 8 號或以上颱風信號及／或發出黑色暴雨警告，所有當天的「小組面試」將會延期舉行。懲教署會盡快通知有關申請人新訂的面試日期及相應安排。

小組面試

「小組面試」的過程平均約40分鐘左右，每組均設有男、女考生，而且每人均須在考官及其他考生面前作出約1分鐘的「自我介紹」。

當所有考生完成「自我介紹」之後，主考官會在考生面前剪開信封，然後讀出信封內的「小組討論」題目，而各考生均在沒有紙、筆記錄的情況下想一分鐘。

然之後考生就在指定的「小組討論」議題下自由發揮討論，考官會從旁觀察申請人的表現，「小組討論」題目會包括時事新聞和社會現況等等。

例如：你對於粵港自駕遊計劃有甚麼看法？

而考官會在「小組討論」的過程中計時，並且於結束前五分鐘，考官會作出提示。

懲教主任 - 最後面試 (Final Interview)

指引：

「懲教主任」職位申請人的「最後面試」將於懲教署職員訓練院舉行。

通過「小組面試」的申請人將獲邀出席「最後面試」。

有關申請人必須按邀請電郵內列明的日期及時間出席該面試。改期申請不會獲得受理。

如申請人缺席「最後面試」，其申請將作放棄論。懲教署會即時終止處理其「懲教主任」職位申請而不會另行通知。

出席「最後面試」時，申請人必須出示「學歷證明文件」及「基本法測試証書（如適用）」的正本並提供副本一份，以證明其學歷及語文能力符合「懲教主任」職位的入職條件。

倘若天文台在早上七時正或以後，懸掛八號或以上颱風信號或發出黑色暴雨警告，當日所有最後面試將會延期舉行。懲教署會盡快通知有關申請人新訂的面試日期及相應安排。

(1) 即時演說（Impromptu Talk）

「懲教主任」職位申請人的「最後面試」會於懲教署職員訓練院舉行。當考生到達後，首先會被安排在Waiting Room 核對文件，然之後懲教署職員會將考生分為Board "A" 及Board "B"。

而「最後面試」會分為兩部分，首先第一部分會進行英文的「即時演說(Impromptu Talk)」。

於面試室內會擺有一部政府運送公文用途的「手推車」，而「手推車」上則放滿了信封。

考官會邀請考生從「手推車」上隨意抽出其中一個信封，當抽完信封後，考官會指示考生前往一張枱，而枱上會有紙張、筆及墊子。

考官會從考生看到該個以單字為主的「英文字」開始計時，考生會有三分鐘作為準備，然後可以拿著紙張，圍繞該個「英文字」字作出3分鐘的演講。

當考生完成「即時演說(Impromptu Talk)」後，職員會安排考生返回Waiting Room等候。

在你的所有組員均完成第一部分的「即時演說(Impromptu Talk)」後，職員會再一次順次序從Waiting Room返回去你所屬的Board，作三師會審。

即時演說 (Impromptu Talk)心得：

- 考生最基本應該要能夠掌握到3分鐘的演說時間；
- 建議考生儘管在「即時演說」中超時而被考官強行中止發言，亦要避免有太多的演說時間剩下；
- 考核的過程中，考生是不會看到任何計時器又或者時鐘的，但是考官會在過程中計時，並且會提醒考生還剩下多少的時間；
- 在這項測試裡，任何的一個「英文」單字，都是會有可能作為考核的題目；考生應該要迅速確認有關的演講題目，然後用大約20秒時間去展開「構思」「即時演說」的內容；
- 可以嘗試多利用「講故事」的形式/ 方法，「演說」與題目相關的實例與故事，而且可以豐富「演說」的內容，雖然實例與故事的內容也許大家均認為是耳熟能詳，但無論如何演說「故事」是不會犯上嚴重的錯誤又或者過失。

至於「即時演說 (Impromptu Talk)」的「英文生字」，一般而言都會是用一個英文單字為主，而以下就是一些實際例子：

A Ability, Abandon, Aberdeen, Abuse, Accept, Access, Accident, Accountable, Action, Admiralty, Adventure, Affair, Affection, Affirmation, Africa, Agency, Agenda, Aggressive, Agreement, Ad hoc, Aim, Airport, Alert, Alias, Alibaba, Allegation, Alliance, Ammunition, Animal, Angry, Annoyance, Apollo, Appreciation, Approach, Argument, Army, Armament, Arrest, Assembly, Assessment, Assignment, Assurance, Attack, Attempt, Attitude, Australia, Available, Average,

B Balance, Banknote, Barbershop, Bargain, Batch, Base, Basis, Battle, Beacon, Bedroom, Behavior, Beijing, Believe, Belt, Benefit, Blame, Bodyguard, Bonus, Border, Boss, Boundary, Break, Bride, Bridegroom, Bridesmaid, Briefcase, Briefing, Brilliant, Broadcast, Budget, Buffet, Bundle, Bulletin,

C Cadre, Cabinet, Cambridge, Camera, Captive, Care, Career, Casino, Celebration, Cellphone, Central, Ceremony, Chairman, Challenge, Champion, Change, Channel, Characteristic, Charity, Charter, Chase, Cheap, Cheat, Choice, Clear, Clock, Coach, Comfortable, Commemoration, Commercial, Commit, Commitment, Communication, Compassion, Complaint, Complexion, Confidence, Confusion, Collaboration, Colleague, Combat, Concession, Conflict, Conspire, Consul, Consequence, Conservation, Constrain, Consumer, Contract, Control, Cookie, Core, Contingency, Contribution, Conviction, Counterfeit, Courage, Criminal, Crisis, Critical, Crystal, Culprit, Culture, Currency, Custody, Cyber,

D Damage, Data, Deal, Debt, Deep, Defensive, Deficit, Definition, Dentist, Deportation, Descendant, Description, Deserve, Dessert, Destroy, Detective, Detention, Determination, Development, Diamond, Different, Difficulty, Dignity, Dinosaur, Diplomatic, Disagreement, Disaster, Discipline, Disclose, Discount, Discover, Dishonest, Disobey, Disorder, Dispute, Disclosure, Distribute, Direction, Discourage, Donation, Dragon, Drama, Drugs,

E Earnest, Earthquake, Ecotourism, Eden, Effect, Efficiency, Egypt, Elaborate, Elderly, Embassy, Emergency, Emissary, Emotion, Empathy, Emperor, Empire, Empress, Endeavour, Enemy, Energy, Enforcement, Enlightenment, Enough, Enterprise, Evidence, Environment, Era, Escort, Espionage, Establishment,Evolution, Excellent, Exclude, Execute, Exhibit, Exhibition, Exist, Experience, Expert, Explanation, Extensive, Extreme, Exterminate, Evacuate,

F Fabrication, Facial, Facility, Fairness, Faith, Faker, Fatal, Fault, Favor, Fear, Feature, Federal, Feeling, Festival, Field, Financial, Firearm, Fitness, Fleet, Flexibility, Focus, Footman, Foreigner, Foresight,Forgery, Formula, Formal, Formation, Format, Fortress, Forum, Foundation, France, Fraud, Fraudsters, Freedom, Friendliness, Frontline, Function, Furniture,

G Gambler, Gang, Gaol, Gap, Generation, Genius, Global, Goal, Gossip, Government, Grain, Groundless, Growth, Guardian, Guest, Guidebook, Guidelines,

H Handle, Harassment, Harmony, Headquarters, Hearsay, Hedonism, Help, Hereditary, Hero, Heroin, Highway, History, Hoax, Hollywood, Honest, Honey, Honour, Horrible, Humanity, Hunter,

I Ideas, Idol, Illness, Immigrant,Image, Impartiality, Important, Imprisonment, Improvement, Implementation, Incident, Include, Increase, Indeed, Independent, Idol, Important, Improve, India, Indigenous, Inexpensive, Influence, Informer, Informant, Infrastructure, Innovation, Insignia, Insurance, Integrity, Intellectual, Interdict, International, Interest, Interim, Interpol,Instruction, Instrument, Intensive, Intention, Intelligence, Interaction, Interdiction, Investigation, Investigator, Involve, Issue,

J Jackpot, Jail, January, Japan, Jewellery, Judge, Judgement, Junk, Jurisdiction, Justification, Juveniles,

K Key, Kimchi, Kingdom, Kindergarten, Kitchen, Koran, Korea, Knowledge,

L Labor, Laboratory, Laugh, Launch, Law, Layman, League, Leader, Leadership, Lebanon, Legend, Lemon, Liability, Liaison,Library, Libya, Lie, Lifestyle, Localization, Logically, Logo,London, Loyal

M Macao, Magazine, Maintenance, Major, Mali, Manpower, Management, Manner, Manual, Manufacture, Margin, Mars, Mastermind, Masterpiece, Material, Mature, Measure, Mediation, Mediocre, Melody, Memory, Mentor, Merchant, Method, Metropolitan, Microwave, Misleading, Mission, Mistake, Misuse, Modernization, Model, Modify, Mood, Monetary, Morale, Moslem, Mosque, Motivation, Movie, Museum,Musketry, Mysterious

N Napoleon, Narcotics, Nation, Necessary, Neighborhood, Negotiation, Nepal, Nest, Network, Nobility, Noblesse, Noise, Noodle, Novel, Nuisance

O Oath, Obama, Objection, Observation, Obstruct, Obtain, Octopus, Offence, Offender, Official, Olympic, Opera, Operation, Opinion, Opportunist, Opportunity, Optical, Optimum, Order, Orderliness, Ordinance, Organic, Organized, Organizer, Original, Oscars, Outcome, Outsider,

P Pakistan, Palace, Panic, Parade, Partner, Passion, Patrol, Pave, Pawn, Peer, Peaceful, Peacock, Penalty, Pepper, Performance, Perseverant,Petition, Phishing, Piano, Pilot, Pioneer, Platform, Pledge, Plunder, Poison, Policy, Pollution, Potential, Powerful, Practical, Premises, President, Pressure, Pretender, Prevention, Previous, Pride, Prince, Princess, Principle, Priority, Prison, Prisoner, Problem, Probation, Procedure, Product, Prohibition, Professional, Professionalism, Proficient, Proof, Proposal, Proprietor, Prosecution, Prospects, Protection, Punish, Purpose, Purview,

Q Quality, Query, Questionnaire, Quota,

R Radiation, Rank, Reaction, Real, Realize, Recidivism, Refugee, Refuse, Regulation, Rehearsal, Reinforce, Reject, Relationship, Release, Reliable, Remove, Requirement, Rescue, Reserve, Resilience, Respect, Restore, Restrict, Resolution, Respond, Responsibility, Retribution, Reveal, Review, Risk, Rickshaw, Role, Romantic, Root, Routine, Ruin, Rule, Russia,

S Safest, Sagittarius, Salmon, Salt, Scheme, Schedule, Search, Secret, Security, Selection, Senior, Sensitive, Service, Shadow, Shanghai, Share, Signal, Silence, Singapore, Situation, Slippery, Smooth, Smuggling, Snatch, Society, Soldier, Source, Spectacular, Sponsor, Spouse, Spy, Sketch, Skill, Stable, Standard, Standby, Statement, Steadfast, Stranger, Strengthen, Stress, Struggle, Strategy, Subordinate, Success, Sufficient, Suggestion, Sunshine, Supreme, Surrender, Survey, Sushi, Suspect, Sydney, Symbol, Symposium, Syria

T Taboo, Taciturn, Tackle, Tactical, Task, Talent, Target, Task, Tattoo, Teamwork, Technology, Teenager, Temporary, Termination, Terrible, Terrorism, Terrorist, Theatre, Theorem, Threat, Thief, Tips, Tobacco,Tolerate, Tomato, Toothbrush, Toothpaste, Tourism,Tourist, Trace, Traditional, Traffickers, Transition, Transportation, Treasure, Trend, Triad, Troop, Troublemaker, Trust, Tsunami, Turkey, Twins

U Unaccountable, Ultimately, Uncommunicative, Uncover, Undercover, Undesirables, Uniform, Union, Universal, Unjustified, Ukraine, Unlawful, Unnecessarily, Unreasonable, Unstoppable, Unusual, Unveil, Upset, Uprightness, Upshot, Usefulness, Usually ,Utensil,

V Vacation, Vagrant, Vain, Valid, Values, Vancouver, Various, Vehicle, Venus, Verify, Verdict, Version, Vertex, Vice, Vicinity, Victim, Victory, Vietnam, View, Vigilance,Vigor, Village, Villager, Violence, Virtue, Virus, Vision, Vocational, Voice, Volunteer, Voucher, Vulnerable,

W Wanderer, Wanted, War, Warrant, Washroom,Waste, Weapon, Welcome, Welfare, Wish, Willpower, Witness, Worldwide, Worry, Workshop, Wound, Wrongful,

X X-ray, Xmas

Y Yemen, Youngster,

Z Zebra, Zero, Zipper, Zone, Zoo

當然「即時演説(Impromptu Talk)」還有你想像不到的「英文」詞彙。

而這項測試的重點,主要是考驗申請人在沒有事先準備的情況下的口語表達能力及即時的反應,因此考生必須要保持鎮定,儘量在三分鐘的預備時間內,準備要講述的重點,然後在考官面前,有條理地表達自己的意見,並達至有效的溝通。

(2) 個別面試（Individual Interview）

而「最後面試」的第二部分，會進行以英文為主的「個別面試(Individual Interview)」，面試委員會由3名懲教署高級官員所組成，其中一位會擔任主席，並由另外兩名人員擔任成員，俗稱為「三師會審」，面試過程通常歷時約30分鐘。

根據過往的經驗，「懲教主任」之「個別面試(Individual Interview)」並沒有設定問題的種類，但可以歸類為下列5種題目：

(1) 自我介紹

(2) 自身問題

(3) 懲教署問題

(4) 時事問題

(5) 處境問題

「懲教主任」之「個別面試(Individual Interview)」，考官大部份時間會以英文為主作發問，但部份時間裡，考官會改為用中文問考生問題。若考官以英文發問，考生應以英文作答，而考官以中文發問，考生則應以中文作答。

此安排可使考官能夠藉此測試考生在中、英文兩方面的口語表達能力，與此同時，考官亦可以看到考生能否有條理地運用中、英文表達自己的意見，以達至有效的溝通。

個別面試（Individual Interview）內容

1.自我介紹3分鐘？

2.懲教署署長及副署長的名字？
Our Commissioner is Mr.YAU Chi-chiu（邱子昭）
Deputy Commissioner is Mr.LAM Kwok-leung（林國良）

3.懲教署「助理署長Assistant Commissioner」？
- 行動Operations
- 更生事務Rehabilitation
- 人力資源Human Resource
- 服務質素Quality Assurance

4.懲教署的「抱負、任務及價值觀」（VMV一 Vision Mission Values）？

Vision
Internationally acclaimed Correctional Service helping Hong Kong to be one of the safest cities in the world

Mission
We protect the public and reduce crime, by providing a secure, safe, humane, decent and healthy environment for people in custody, opportunities for rehabilitation of offenders, and working in collaboration with the community and other agencies.

Values
• **Integrity**
We are accountable for our actions by upholding high ethical and moral standards, and have the honour of serving our society.

• Professionalism

We strive for excellence in correctional practice and resource optimisation, and take pride in our role as society's guardian and rehabilitation facilitator.

• Humanity

We respect the dignity of all people with emphasis on fairness and empathy.

• Discipline

We respect the rule of law with emphasis on orderliness in the pursuit of harmony.

• Perseverance

We are committed to serving our society, keeping constant vigilance and facing challenges with courage.

5. 「懲教署」於何時由「監獄署」轉名？
1982 from Prisons Department to Correctional Services Department.

6. 懲教署的更表？
懲教班務主要分四更：A；P；1N；2N
A shift: 06:45 hrs — 13:45 hrs
P shift: 13:15 hrs — 20:15 hrs
1st Night Duty(夜頭更): 18:45 hrs — 01:45 hrs
2nd Night Duty(夜尾更): 01:15 hrs — 08:15 hrs

7.懲教主任的職責？
Supervise junior staff, persons under custody, young persons in a training/ rehabilitation centre and drug dependants in a drug addiction treatment centre; or work in a prison hospital or in the Rehabilitation Unit; or undertake specific catering duties; or manage an industrial workplace of correctional services industries in a

prison, correctional institution or treatment centre with specific duties of production and quality management, staff supervision, facilities and materials planning, or undertake specific duties in marketing, product development, resources planning, process planning, layout design, production scheduling and control, engineering management, quality management, logistic management and management of vocational training activities in the Industries and Vocational Training Section of the Department and perform any other duties as required.

8.懲教署對社會有什麼貢獻？

Correctional Services Department(CSD) provides comprehensive rehabilitative services in a secure, safe, humane and cost effective manner, so as to enhance the physical and psychological health of prisoners, protect the public and help reduce crime. It helps inmates, felons and problematic youth to bridge the gap and reintegrate into society after they have paid their debts to the community.

As pointed out in CSD's Mission, CSD has provided a secure, safe, humane and cost effective custody services to prisoners, which directly protect the society from harm done by crime. Besides, CSD has launched out some sort of rehabilitation services to the prisoners such as vocational training, and to liaise with various non-government agencies or religious bodies to provide volunteer services such as hobby class, social skills training, language learning, and such alike. It is also worth mentioning that CSD takes an active role in promoting rehabilitation services by arousing the public care, concern and support via various functions and activities, such as, NGO (non-governmental organization) Forum, NGO Service Day, 'The Road Back TV series', etc. Also worth mentioning is the 'Rehabilitation Pioneer Project' which does a very good job at educating the youths about the serious consequence of committing crime and to help to spread the message of crime prevention.

9.你有什麼勝任的地方？

I am a diligent person and show a great deal of initiative of looking for improvement opportunities. I have a vast interest in current affairs and concerns a lot about the community and actively involved in social services. Being a keen, diligent, approachable person, patient with a flexible attitude and perseverance to my work, I always do my best in achieving successes in my future endeavors with my team.

10.你現在做的工作，對懲教署的工作有什麼幫助？

From my working experience of being a very responsible and motivated English teacher , these help me to enhance knowledge of personality, psychology which assists me to handle confidently with different kind of persons, even some hardcore one. It also let me having a full confidence and resiliency to face up with difficult work environment.

In this light, I can fully utilize my skills to help the prisoners, especially young prisoners and have great care of their parents as if I looked after their children. Besides, being also equipped with administration skills since shortage of labor in nursery helps me to facilitate daily office procedures. In essence, working as a strong team with my colleagues helps me to have a skill to generate motives for my staff at CSD.

【假設性問題】

11.假設你是「懲教主任」和40名囚犯一起在工場內，有一個犯人暈了，你會怎樣處理？

In tackling these supposed question, it involves many work procedures that the panel may expect an answer which I have to answer calmly and confidently: Tell the rest of inmates to stay calm and continue their works.

Call for assistance through radio system.

Before arrival of prison hospital staff, I will check the pulse and breath of the unconscious prisoner. if necessary, do the CPR (Cardio-pulmonary Resuscitation) until his recovery or arrival of hospital staff.

12.假設你是「懲教主任」和40個囚犯一起在工場內，有30件工具，怎樣可以在1－2分鐘內點齊工具的數目？

I will ask the inmates to group themselves into 4 with the prisoners near them so that I have 10 groups and ask each group to pick up three tools before queuing up if front of me with discipline and orderliness to prevent chaos.

13.假設你是「懲教主任」，並在一個操場內監管100名犯人踢波、跑步及打籃球，你和一名同事談話中，突然有個囚犯向你說籃球場有人藏毒，你會怎樣做？

From a general perspective, I will analyze who the informant is in giving me that information and whether the message being given to me is trustful or not. Then I will think about whether the informant gets a previous history of lying or uses these excuse to create troubles. If these factors tell me the game should be temporarily terminate beyond reasonable doubt, I will then ask my supervisors and colleagues to do the stop and search for illegal substances to avoid the abuse.

14.現在給你一把20cm的刀，你一早就知道，今日這個時間會見到我，你會將把刀放在房內位置來刺殺我，如房間裡給你一個閉路電視，你會安裝在那裡？

I will put the CCTV (Closed Circuit Television) under the table and make sure the focus is just on the corner with nothing is being under surveillance. Besides, I will place the 20cm glaive in my left palm for control purpose and place it under the table before you are in front of me and stab it towards your heart.

PART

03

二級懲教助理

「二級懲教助理」- 申請資格

「學歷」與「薪酬」

二級懲教助理的「起薪點」，須視乎學歷而定：

(A) 入職條件	起薪點
(I)(i) 在香港中學文憑考試五科考獲第 2 級或同等 (註 a) 或以上成績 (註 b)，或具同等學歷；或 (ii) 在香港中學會考五科考獲第 2 級 (註 c)／ E 級或以上成績 (註 b)，或具同等學歷；或為	第 4 點 (HK$ 19,780)
(II)(i) 在香港中學文憑考試三科考獲第 2 級或同等 (註 a) 或以上成績 (註 b)，或具同等學歷；或 (ii) 在香港中學會考三科考獲第 2 級 (註 c)／ E 級或以上成績 (註 b)，或具同等學歷；或	第 3 點 (HK$ 19,225)
(III) 完成中五學業，或具同等學歷；及	第 2 點 (HK$ 18,670)
(B) 符合語文能力要求，即在香港中學文憑考試或香港中學會考中國語文科和英國語文科考獲第 2 級 (註 c) 或以上成績，或具同等學歷，並能操流利粵語及英語；及	
(C)「體能測試」 申請人必須在本測試項目取得及格成績方會被邀請參與其後的招聘考核項目 (詳情可參閱附註 (d) 及瀏覽本署網頁「招考程序」所列的資料)。	

附註

(a) 政府在聘任公務員時，香港中學文憑考試應用學習科目(最多計算兩科)「達標並表現優異」成績，以及其他語言科目C級成績，會被視為相等於新高中科目第3級成績；香港中學文憑考試應用學習科目(最多計算兩科)「達標」成績，以及其他語言科目E級成績，會被視為相等於新高中科目第2級成績。

(b) 有關科目可包括中國語文及英國語文科。

(c) 政府在聘任公務員時，2007年前的香港中學會考中國語文科和英國語文科(課程乙) C級(04/2015) 及E級成績，在行政上會分別被視為等同2007年或之後香港中學會考中國語文科和英國語文科第3級和第2級成績。

(d) 申請人可參閱懲教署互聯網站(http://www.csd.gov.hk)。通過體能測試的申請人會獲邀請參加小組面試。

只有通過「小組面試」、「能力傾向測試」及「最後面試」的申請人才會獲考慮聘任。

聘用條款

獲取錄的申請人會按公務員試用條款受聘，試用期為三年。通過試用期限後，才可獲長期聘用條款聘用。

二級懲教助理的「職責」

監督在囚人士、教導所/ 更生中心的青少年及戒毒所內的戒毒者；及執行其他指派的工作。

(註：須受《監獄條例》規管、須穿著制服及輪班當值，或須接受在職訓練後從事醫院護理工作及居住在部門宿舍。)

二級懲教助理的「薪級表」

二級懲教助理的薪酬 (一般紀律人員(員佐級)薪級表)

薪點	由 2016 年 4 月 1 日起		薪點	由 2016 年 4 月 1 日起	
29	42,735		14	27,380	二級懲教助理 - 頂薪點
28	41,105		13	26,580	
27	39,530		12	25,770	
26	38,390		11	24,985	
25	37,240		10	24,200	
24	36,165		9	23,450	
23	35,235		8	22,655	
22	34,260		7	21,875	
21	33,330		6	21,225	
20	32,450		5	20,345	
19	31,580		4	19,780	二級懲教助理 - 起薪點
18	30,715		3	19,225	二級懲教助理 - 起薪點
17	29,815		2	18,670	二級懲教助理 - 起薪點
16	28,995		1	18,175	
15	28,175		1a	17,660	

福利

二級懲教助理之福利當中包括有：

- 可以成為懲教署職員會所會員，享用當中各項設施，包括有: 游泳池、網球場、兒童遊樂場、餐廳、酒吧等。
- 可以成為「紀律部隊人員體育及康樂會」會員，享用當中各項設施，包括有: 游泳池、草地足球場、桑拿室、室內運動場、室內及室外兒童遊樂場、圖書館、電視室、舞蹈室、網球場、桌球室、保齡球場、電子遊戲機室、中、西餐廳等。(紀律部隊人員體育及康樂會地址:香港銅鑼灣掃桿埔棉花路9號)
- 各懲教院所均設有康樂室，供職員使用。
- 懲教署亦設有福利基金，用以幫助職員及其家人。
- 有薪假期及例假(例假是以一標準比率賺取的)
- 免費醫療及牙科診療。
- 在適當情況下，更可獲得宿舍及房屋資助。
- 公務員公積金
- 成功完成三年試用期後，可以獲得長期聘用

晉升前景

- 現時「二級懲教助理」可以晉升為「一級懲教助理」。
- 亦可以經內部潛質人員晉升計劃晉升為「懲教主任」。
- 此外，「二級懲教助理」亦可自行申請，參加「懲教主任」晉升遴選。

二級懲教助理 - 招聘程序

4天遴選程序

Day 1
（第一關）體能測驗（Physical Fitness Test）
a）初步審核Initial Screening（IS）
b）體能測試Physical Test（PT）
申請人必須在「體能測驗」項目中取得及格成績，方會獲邀請參加「小組面試」

Day 2
（第二關）小組面試（Group Interview）
申請人必須在「小組面試」環節取得及格成績，方會獲邀請參加「能力傾向測試」及「基本法知識測試」

Day 3
（第三關）能力傾向測試及基本法知識測試（如適用）
（Aptitude Test & Basic Law Test）
申請人必須取得「能力傾向測試」及格的成績，方會獲邀請參加「最後面試」

Day 4
（第四關）最後面試（Final Interview）
個別面試
在「最後面試」環節取得及格成績的申請人才會獲**考慮聘任**
（第五關）品格審查Vetting
（第六關）體格檢驗Medical Examination

二級懲教助理 - Day 1（第一關）
體能測驗(Physical Fitness Test)

男性

項目	得分					
	0 分	1 分	2 分	3 分	4 分	5 分
仰臥起坐 (1 分鐘)	≤ 36 次	37-40 次	41-44 次	45-48 次	49-52 次	≥ 53 次
穿梭跑 (9 米 10 次)	≥ 27.4"	26.6"-27"	2.9"-26.5"	25.0"-25.8"	24.3"-24.9"	≤ 24.2
俯撐取放 (30 秒)	≤ 14 次	14.5-15.5 次	16-17 次	17.5-18.5 次	19-20 次	≥ 20.5 次
立地向上直跳 (3 次試跳)	≤ 40 厘米	41-44 厘米	45-48 厘米	49-52 厘米	53-56 厘米	57 厘米
800 米跑	≥3'5"	3'3"-3'5"	3'23"-3'36"	3'08"-3'22"	2'54"-3'07"	≤ 23"

女性

項目	得分					
	0 分	1 分	2 分	3 分	4 分	5 分
仰臥起坐 (1 分鐘)	≤ 23 次	24-28 次	29-32 次	33-37 次	38-41 次	≥ 42 次
穿梭跑 (9 米 10 次)	≥35.4"	33.7"-35.3"	32.13.6"	30.4"-32.0"	287"-30.3"	≤ 28.6"
俯撐取放 (30 秒)	≤ 12.5 次	13-14.5 次	15-16.5 次	17-18.5 次	19-20.5 次	≥ 21 次
立地向上直跳 (3 次試跳)	≤27.5 厘米	28-31 厘米	31.5-34.5 厘米	35-38 厘米	38.5-41.5 厘米	≥ 42 厘米
800 米跑	≥ 5'14"	4'56"-5'13"	4'37"-4'55	4'18"-436"	4'00"-4'17"	≤ 3'59

註: 1. 考生必須完成「體能測驗」的每一個項目。
  2. 考生若要通過「體能測驗」，必須在各項目中取得最少1分，並且總分不可少於15分；
  3. 若有任何一個「體能測驗」的項目未能取得分數，均會作未能通過「體能測驗」論。

資料來源：懲教署網頁http://www.csd.gov.hk/tc_chi/recruit/recruit_abtpost/recruit_
    abtpost_postdetails/recruit_abtpost_postdetails_aoii/pft_table_aoii.html

二級懲教助理 — Day 2（第二關）
小組面試（Group Interview）

「小組面試(Group Interview)」

- ⊘ 面試地點是位於赤柱的「懲教署職員訓練院」內舉行。
- ⊘ 過程約30至40分鐘，每組考生10人。
- ⊘ 小組討論題目主要是圍繞「時事新聞」又或者「社會議題」，並由投考者自由發揮進行討論。
- ⊘ 小組討論期間，考官會從旁觀察，並就各考生在小組討論過程中的表現，評核考生的溝通、表達、分析及處理壓力等能力。

懲教署以「小組面試」形式進行測試，是能夠更具效率地考驗投考人的溝通能力、分析能力、表達技巧、臨場應變能力及對時事的認知，從而加快招聘步伐，而懲教署一貫「用人唯才、擇優錄用」的招聘宗旨是維持不變。

「小組面試」設有：A、B、C、D共4個Board，而每組會有10名考生。分別會進行2項測試：

測試項目(1)：自我介紹

測試項目(2)：小組討論

提提大家

- ⊘ 成功通過「體能測試」的考生，會獲邀出席「小組面試」。
- ⊘ 考生必須根據邀請信內所列明的日期及時間出席「小組面試」。
- ⊘ 改期之申請是不會獲得受理。
- ⊘ 如果考生缺席「小組面試」，有關的申請將作放棄論，並且會即時終止處理其申請而不會另行通知。

「自我介紹」

考生在「小組面試」中，須輪流用中文(廣東話)作大約2分鐘的「自我介紹」。

「小組討論」

於每位考生均完成「自我介紹」後，會直接進行「小組討論」，題目主要圍繞「時事新聞」或「社會議題」，並且由投考者自由發揮進行討論。

期間考官會從旁觀察，並就各考生在討論過程中的表現，評核他們的溝通、表達、分析及處理壓力等能力。

而「小組討論」的題目會由考官讀出，然之後主考官會比1分鐘各位考生自行思考題目，最後展開約20分鐘之討論。

小組面試(Group Interview) ── 測試項目（1）：自我介紹

通常主考官在投考者坐定之後，就會向考生講:「依喺比2分鐘時間你，簡單介紹一吓你自己？」

作為投考者，當你聽到主考官講出這一句說話時，你腦海中會浮現的是甚麼呢？

- 你會有甚麼的反應？
- 你會講甚麼去介紹自己呢？

其實2分鐘的「自我介紹」看似好簡單，但考生有無想過，究竟可以點樣講到重點，而同時又能夠突顯出投考者之個人特質呢？

因此投考者應該及早做好準備，從而好好地掌握這2分鐘的黃金時間。

在整個「二級懲教助理」的遴選面試過程中，投考者會有2次機會進行「自我介紹」：

- 第一次是在「小組面試」
- 第二次是在「最後面試」

而「自我介紹」是面試之中，唯一可以自己事先掌握的部分，以及主動展示自我的機會，若然考生表達出色，能夠針對遴選的需要，將自己決心投身「懲教署」的熱誠、潛質和才能，毫無保留地表現出來。不但能夠令主考官留下深刻的印象，甚至可能令到主考官在稍後的提問方式亦會有所不同。

那麼到底應該要點樣準備一篇出色的「自我介紹」呢？

以下就是撰寫「自我介紹」的重點以及妙計錦囊。

「自我介紹」規則：

投考「二級懲教助理」的考生，會在遴選程序的兩次「面試」之中，均會以廣東話作大約2分鐘 的「自我介紹」。

「自我介紹」鋪排次序、重點、方向：

「自我介紹」的內容以及次序是極之重要，考生是否能夠緊握「主考官」的注意力，完全在於編排的方式。

所以排在首位的，就應該是「主考官」最想『知悉』的事情。而這些事情就正是投考「二級懲教助理」的主要原因。

因此建議投考人仕的「自我介紹」，其結構及內容應該要依據以下6大重點/方向作出準備：

1. 投考「二級懲教助理」的主要原因
2. 適合投身「二級懲教助理」之質素
3. 過去及現在之工作背景
4. 學歷
5. 專長
6. 家庭

而「自我介紹」完畢之後，主考官會有可能繼續向投考人士發問數條與剛才「自我介紹」又或者「自身」有關之問題。

經驗之談，其實各位考生明明都知道會被問「自我介紹」這一條問題，但係似乎各位考生都沒有好好地準備如何回答這條問題。甚至經常令到考生誤解以及感覺「自我介紹」其實只是「面試」之中嘅第一條問題，純粹屬於熱身之題目，無計劃、無準備亦都無乜所謂，因為面試還有其他問題，可以追回分數。

其實這種觀念是大錯特錯，「自我介紹」這一段面試的開場白，反而是整個遴選面試的一個重要環節。同時也是面試評核的重要指標。

因為在此短短的2分鐘（即120秒）「自我介紹」裡，就已經可以絕對顯示出考生對於加入「二級懲教助理」有多少的熱誠、潛質和能力。

在如此短短的120秒內，考生應該如何展示出自己的熱誠、優點、潛質和能力呢？

- 「自我介紹」該做哪些準備？
- 「自我介紹」有甚麼問題值得關注？

首先在2分鐘的時間分配上，考生應該將「自我介紹」分為以下「第一」至「第三」階段進行演繹：

第一階段：考生可以簡簡單單地講述姓名、年齡、家庭、學歷、工作等基本的個人資料。

第二階段：考生必須要重點講出投考「二級懲教助理」的主要原因，從而讓主考官留下深刻印象，因此建議你可以用「列點」的方法去進行演繹，例如：

　　　　【第一個投考原因】：面對挑戰、勇於承擔：「……」
　　　　【第二個投考原因】：服務市民、實踐抱負：「……」
　　　　【第三個投考原因】：回饋社會、關懷社群：「……」
　　　　（詳情請參閱以下之例子）

第三階段 ： 亦即是「最後的階段」，建議考生可以講述自己的「優點」、「缺點」、適合投身「二級懲教助理」的質素又或者期望如果能夠成功通過遴選，那麼冀望未來在懲教署的目標、抱負以及發展。

考生如果能夠作出好的時間分配，則可以突出個人的優點，讓主考官印象深刻。而想達至這種效果就取決於考生對於遴選面試的準備工作做得好與壞了。

如果考生事先分配了「自我介紹」的主要內容，並且分配了所需時間，抓住這2分鐘，考生就能得體地表達出「自我介紹」。

而在實戰之情況中，大部份之投考人士，往往忽略了「自我介紹」的重要性。

情況（1）：

有一些考生，往往只是「平平淡淡、毫無特點、沒有特色」甚至「雜亂無章」地只是介紹自己的姓名、年齡、身份，其後只係可能再補充一些有關於自己的學歷、工作背景等資料，於大約1分鐘左右之後就結束了「自我介紹」，然之後就「目瞪口呆」（俗稱Dead air）地望著主考官，等待主考官的提問。這是相當不妥的，並且絕對白白浪費了一次向主考官推薦自己的寶貴機會。

情況(2)：

除此之外，亦有一些考生，則「企圖」又或者「意圖」將自己一生人的全部經歷/資料，例如：投考「二級懲教助理的主要原因」、「適合投身二級懲教助理的質素」、「家庭」、「學歷」、「工作背景」、「專長」等6大方向，全部壓縮在這2分鐘即120秒之內。

其實這是極端錯誤的方法，因為適當地安排及分配「自我介紹」的時間，分清主次，突出自己的重點，例如投考「二級懲教助理」的主要原因才是首先要考慮的問題。

「自我介紹」應做 / 不應做：

【應做】

1. 必需要在事前作出細緻的準備，並且不斷練習和改良，甚至應該找朋友不斷地進行模擬練習。

2. 避免使用書面語言中嚴肅而拘束的詞彙，而應該使用日常用的口語進行組織。

3. 字眼及用詞應該加以修飾，從而避免使用不雅的詞彙。

4. 應該多講「正面」說話，而不應該談及「負面」的訊息。

5. 自我介紹時應要突出「優點」和「長處」，並且引用相關的具體事實與實際之例子，例如講述工作經驗與成就之時，就應該嘗試引用自己曾經擔任過的工作項目/範疇，從而證明你有領導材能的「優點」，此外亦可以嘗試引用例如老師/上司的評語來支持自己描述的「優點」等。

6. 自我介紹時講述自己的「優點」後，也應要講述自己的「缺點」，但要強調自己已經如何克服這些缺點的方法以及如何去改進完善自己的缺點。

【不應做】

1. 自我介紹時應避免自吹自擂、誇大自己、言過其實、空口講白話、說得完美無瑕，甚至企圖欺騙面試的主考官。

2. 至於與面試毫無關係的內容，即使是你認為引以為傲的事情，你亦應該要忍痛捨棄，切記不可胡亂作為自我介紹之用途。

3. 切忌以背誦以及朗讀的方式介去進行自我介紹。

4. 自我介紹時應該要注意聲線，儘量讓聲調聽來流暢自然，有抑揚頓挫以及充滿自信。

5. 在自我介紹時要調適好自己的情緒，避免面無表情、語調生硬又或者在談及優點時眉飛色舞、興奮不已。

6. 最後，亦是最重要的一點，那就是不要講因為「錢」、因為「人工高、福利好、有宿舍」而希望投身懲教署成為「二級懲教助理」。

【不應做的錯誤例子】

- 以我現時的學歷，能夠加入「懲教署」賺到萬多元嘅收入，我覺得是相當之豐厚的人工。
- 我好需要「二級懲教助理」呢份收入穩定既工作，去維持同改善屋企既環境。
- 我媽媽需要獨力擔起成頭家，所以我好希望能夠加入「懲教署」成為「二級懲教助理」減輕佢既負擔。
- 我好希望可以找到一份安穩的工作例如「二級懲教助理」，幫我去照顧家人和減低家庭的經濟壓力。
- 我加入「懲教署」係為咗減輕屋企負擔，所以我好需要「二級懲教助理」呢份工作。
- 我加入「懲教署」之後，就能夠比到我同我家人一個更好嘅生活環境和保障。
- 我加入「懲教署」，係因為工作穩穩定定，人工又高、福利又好，退休又有保障。
- 我加入「懲教署」，主要係因為人工高、福利好、有宿舍，而且呢份人工，可以足夠我照顧做散工嘅爸爸同失業嘅媽媽，而且重可以比我儲錢同依家嘅女朋友結婚，共同建立一個穩定嘅家庭。
- 我加入「懲教署」之後，「二級懲教助理」給予嘅薪酬，可以足夠我照顧同供養父母，以及我將來成家立室之時，亦都可以依靠這份人工去維持生活所需，而且「二級懲教助理」設立咗好多福利，呢啲福利可以令到我能夠更加安心咁去投入工作，分擔我對家庭嘅憂心同顧慮。
- 我想成為「二級懲教助理」係因為薪酬高、福利完善，使到我有能力好好照顧家人，這是我基本層面上所需要嘅嘢。另外，「二級懲教助理」有優質嘅訓練平台、良好嘅晉升梯楷、工作種類亦多樣化，有裨益於我日後事業上之發展。

- 我由於中學文憑試成績唔太理想啦，加上自己屋企嘅經濟情況，實在難以繼續負擔我嘅學費，所以我只好放棄學業，於是唯有投身「懲教署」。

其實如果考生是因為「錢」、因為「人工高、福利好、有宿舍」而投身「懲教署」，相信這樣絕對只會帶來反效果，甚至在考官面前留下不好的印象。

【試想一想】
自我介紹如果做得不好，主考官會否懷疑考生基本的邏輯思維能力、語言表達能力呢？
自我介紹如果做得不好，例如超時，主考官會否懷疑考生是否聽得明白問題的內容以及掌控的時間能力呢？
自我介紹如果做得不好，就算主考官繼續發問，其實心中亦早已經給了考生一個壞印象？
自我介紹如果做得不好，甚至可能直接影響到其後的面試是否順利？
自我介紹如果做得不好，千篇一律，試問怎樣能夠突出自己，脫穎而出呢？

自我介紹 - 參考版本（一）✓

以下是其中三篇「出色」的自我介紹 - 投考「二級懲教助理」

我想投考懲教署的「二級懲教助理」原因有三點:

第一點

「懲教」可以維持社會穩定而且減低社會罪案率，「亦懲、亦教」。

「懲」則是社會上犯罪的人受到法律制裁。

「教」就是給予犯人正確價值觀，提供適當的工作和訓練，改正他們的錯，幫他們自力更新，重投社會。

所以，我覺得「懲教」工作是十分有意義的。

第二點

「懲教」工作是多層面，多元化。

我知道日常工作除了管理以及監管犯人之外，還要提供他們的日常起居，心理輔導，照顧佢地本身嘅福利，教育，甚至是宗教信仰，係呢到，我覺得會多了一份使命感。

第三點

我覺得對「懲教」工作的熱誠態度，同事之間的合作關係，與在囚人士的溝通和了解都非常重要，由於「懲教」工作是富有挑戰性，所以我選擇「懲教」工作成為我嘅終生職業。

自我介紹 - 參考版本（二）

Good Morning Sir

好榮幸我可以有呢個機會，嚟到「懲教署職員訓練院」，參與進行「二級懲教助理」嘅入職遴選面試。

我叫做XXX，今年XX歲。

首先我想講一講，我投考「二級懲教助理」嘅三個主要原因：

第一個原因

我响中五的那一年，因為參與一次義工活動，期間認識咗「三位更生人士」，當時從他們的分享之中，得知他們在入獄期間，學識咗好多嘢，而且他們不約而同地稱讚「懲教署」人員的教導，例如提供專業的技能訓練以及教識佢地好多、好多人生的道理，從中磨練對人、對事同對物的態度，令到他們可以改過自新，重投社會，一生受用不盡。

因為呢一次事件，令到我留下了極之深刻的印象。覺得懲教署於教育、協助及輔導罪犯的工作十分成功，能夠為罪犯重返社會，做好各式各樣的準備。所以我响大學畢業之後，就希望有機會能夠成為「懲教署」既一份子一展抱負。並且秉承懲教署「亦懲、亦教」嘅宗旨，以服務社會為榮。

第二個原因

我大學主修「心理學」，並且曾經修讀「犯罪心理學」，我相信人性本善，每個人都會做錯事。但每個人嘅行為都可以透過學習去改變，我自己有一個心願，就係希望能夠有一天，將大學時期所學到的專業知識，去幫助這群曾經誤入歧途的在囚人士，重新起步、融入社會。

第三原因

「懲教署」提供最優質的監獄管理以及完善的更生事務，對社會極有意義，而我亦希望能夠服務市民、回饋社會、為社會出一分力。因此如果我能夠成功加入「懲教署」，我必定會全力以赴，去實現自己的夢想，對社會作出無私的貢獻。

而我就係因為呢三個主要原因，所以我決心投考「懲教署」。

自我介紹 - 參考版本（三）✅

Good Morning Sir

我叫XXX，嚟緊我會用兩分時間去講出我投考懲教署「二級懲教助理」嘅三個主要原因。

首先，我希望可以幫助他人：

「懲教署」於監管在囚人士嘅時候，同時亦為佢哋提供工作技能培訓以及教育課程。並且協助佢哋喺在囚期間改過自身、增值自己。

當在囚人士再次踏足社會之時，就可以更容易去適應新生活，由於「懲教署」的職務能夠幫助在囚人士，我感到十分有意義。

另外，我好尊敬懲教署以人人為本既態度去處事待人：

就算在囚人士曾經犯下任何錯誤，「懲教署」都會以人道同體諒既方式對待在囚人士。

好似我地日常生活經常會見到嘅行人路上既地磚，行人路上既鐵欄杆、馬路上既街道名牌、甚至係醫院既保護袍都係交由佢地去處理，等在囚人士能夠用另一種方式去回饋社會、服務市民，亦能夠協助在囚人士建立一個正面既形象，並且培養到佢地對社會既責任心。

最後，懲教工作富有使命感：

我了解到香港人既思想較為傳統，更生人士再踏足社會之時，往往有可能會被標籤。而「懲教署」的使命就係要克服困難，以堅毅不屈嘅精神去為誤入歧途的人帶來重生的機會。

基於以上的三個主要原因，我好希望能夠成為「懲教署」當中的一份子，就算將來會遇到各種挑戰，但我亦唔會放棄，努力履行服務社會嘅責任。

「二級懲教助理」
自我介紹的「錯誤」版本 ⊗

（以下是投考「二級懲教助理」自我介紹的「錯誤」版本）

首先，相信各位投考人士，均應該知悉懲教署的「抱負、任務及價值觀」：

抱負
成為國際推崇的懲教機構，使香港為全球最安全的都會之一。

任務
我們以保障公眾安全、減少罪案為己任，致力以穩妥、安全和人道的方式，配合健康和合適的環境羈管交由本署監管的人士，並與社會大眾及其他機構攜手合作，為在囚人士提供更生服務。

價值觀
● 秉持誠信
持守高度誠信及正直的標準，秉承懲教精神，勇於承擔責任，以服務社會為榮。

● 專業精神
全力以赴，善用資源，提供成效卓越的懲教服務，以維護社會安全和推展更生工作。

● 以人為本
重視每個人的尊嚴，以公正持平及體諒的態度處事待人。

• 嚴守紀律
恪守法治，重視秩序，崇尚和諧。

• 堅毅不屈
以堅毅無畏的精神面對挑戰，時刻緊守崗位，履行服務社會的承諾。

就以上而言，曾經有考生竟然將「抱負、任務及價值觀」之字句，完全套用在其「自我介紹」之內，因此形成詞不達意，更甚是讓主考官覺得你的組織能力、表達能力均有問題，以及是一位不經大腦的人。

所以在準備你的「自我介紹」時，請不要胡亂使用又或者不適當地套用懲教署的「抱負、任務及價值觀」。

而以下就是該考生套用了「抱負、任務及價值觀」的「錯誤」自我介紹內文。

自我介紹 -「錯誤」版本 ⊗

Good Morning Sir
我想講講我投考懲教署「二級懲教助理」既原因。
懲教是一份具有挑戰性既工作，以「亦懲亦教」的方式監管犯人，可以係一個**健康和合適的羈押環境**下比犯人一個改過自新既機會，讓犯人吸收正確既觀念，更提供一些教導，為在囚人士**推展更生工作**，幫助犯人將來重投社會，為社會作出貢獻，減少罪案發生，**以保障公眾安全**，建立一個安隱既社會，**使香港成為全球最安全的都會之一**。
懲教工作多姿多彩，我感到好有意義！
我曾經做個一份工作，係保安員，入職時更曾經接受過步操、自衛術、搜身等訓練。

由於每日都會面對唔同既人，所以必須**持守高度誠信及正直的標準，以公正持平及體諒的態度處事待人**。並且需要經常與同事溝通，所以我**重視每一個同事的尊嚴**。

由於日常保安工作是需要保障設施安全運作，而我曾經負責既部門，更加需要時刻緊守崗位，檢查各種車輛、人、以及行李，防止有人帶違禁品進入禁區，例如：爆炸品、攻擊性武器甚至毒品等等。當值期間，更要去面對不同既挑戰，所以，**以人為本、嚴守紀律、專業既服務精神**唔可以少。

基於以上各點，我有信心去應付今次嘅懲教署「二級懲教助理」既入職遴選面試，以上是我嘅自我介紹，多謝三位亞Sir。

【提提你】

簡單來說，自我介紹是你要盡量將投考「二級懲教助理」的原因、優點突顯出來，但切記「上文下理」均應該要「貫徹始終」。

例如自我介紹之「上文」曾經提及：

「二級懲教助理」係一份具有挑戰性、服務市民、回饋社會嘅工作，為年輕的在囚人士提供正規教育課程；此外亦為在囚人士提供更生事務，協助囚犯建立良好的工作習慣，利用在囚時間貢獻社會。我認為係一份可以幫助到別人，很有使命感的工作。

但「下理」則表示：

最近我同太太結咗婚，幾個月後就成為爸爸，太太現時無工作，身為父親嘅我，現時好需要一份收入穩定嘅工作，去維持同改善屋企嘅環境，所以我全家人都很支持我去投考「二級懲教助理」。

假如你是主考官，你會否覺得投考者「前言不對後語」，甚至是為「錢」，為「改善生活」才加入「懲教署」呢？

自我介紹主要是在遴選過程中，讓主考官更認識你，如果為此作出虛假之陳述並且遭考官識破，那就相當尷尬了。相信只要你誠懇地展現自己，就能打動並說服面試的考官。

小組面試(Group Interview) ─ 測試項目(2):「小組討論」

在「小組討論」的過程中,考生必須要掌握以下原則及要點:

- 討論過程中,不應該只是面對住考官作出發言,而是應該要望向其他組員進行發言。
- 應該要表現出有「禮貌」、「熱誠」、「主動性」、「積極性」。
- 不應該「過份沉默」、「唔出聲」、「被動」。
- 不應該舉手發問任何問題又或者舉手示意讓你回答問題。
- 千萬不要壟斷發言,應該要讓其他考生均有發言之機會。
- 千萬不要無理打斷其他考生的説話、論點、意見或提問。
- 千萬不要無理反對/反抗其他考生的説話、論點、意見或提問。
- 千萬不要無理攻擊/挑撥其他考生的説話、論點、意見或提問。
- 應要留心傾聽其他考生的發言,並且隨時準備回應及作答。
- 心中記下組員的答案,在有需要之時,可以引用組員的答案、言行作支持的論點。
- 陳述自己的個人意見或經驗之時,應該輔以「實例」、「數據」、「專家學者見解」等資料,並且加以説明,從而增強説服力以及可信性。
- 應與組員有溝通,互相交換意見、立場,並且保持客觀、共同解決問題、最後作出決定。
- 考生應要自己盡量爭取發言,但緊記講得多唔等於你高分,而最重要係要有Point。
- 應留意一下發言時的語氣和聲調,不要以為大聲便能取得説話控制權,取得勝利,並且因而取得高分,而結果何能往往會是相反。
- 切忌言過其實或提供虛假資料,企圖瞞騙主考官。
- 留意在小組討論過程之中,是不應該有「單對單」的提問。

討論時立場要堅定

投考者在「小組討論」時，緊記「小組討論」並非以辯論隊之方式或方法而進行。

因為「辯論」方式即是永遠不會有「中立」而「客觀」的立場，「辯論」只會偏向正方（支持）或反方（唔支持）的論點。

故此，投考者應要理解「辯論」同「討論」的分別。

緊記：現在係「小組討論」，並唔係「小組辯論」。

小組討論：立場及申論

立場	有既定的立場，「小組討論」時才會有明確的方向。
因材制宜	如果你對該「問題」沒有特別意見，不能理解/明白/熟悉該題目之時，你便應該以對論點哪一方掌握的資料較多，作為決定立場的考慮因素。
順應時勢	以較多人贊同的看法作為立場。這樣雖欠缺個人立場，人云亦云，但討論內容較易掌握，不會出現立場不穩/遭遇〈小組成員〉群攻的情況。

申論

例證	舉實例、歷史、成語
引經據典	引述名人佳句、權威理論、專家學者見解、法庭案例、事件調查報告及結果
數據支持	利用政府之統計數字、警隊公布之罪案數字、懲教署之統計資料、民意調查之數字
多層面分析	應從國家、政府、政黨、社會、市民大眾、個人方面進行多層面、多角度之分析

小組討論「應做VS不應做」

應做	不應做
立場鮮明	立場搖擺
論點清晰	毫無己見
論之有據	前後矛盾
言詞有力	言不對題
引導討論	強爭領導
打破冷場	壟斷發言
語調恰當	沉默寡言
尊重他人	態度傲慢

小組討論「過關」原因

- 表現出正面及積極向上之思維。
- 表達了解小組成員說話的意思或含意。
- 偶而點點頭又或者與小組成員眼神交流。
- 讓發言者感到被明白及理解。
- 能夠提出具體事例及証明
- 與小組成員建立良好互信關係。
- 懂得讚賞小組成員。
- 能夠適當地澄清小組成員說話含意。

小組討論「失敗」原因

- 沉默寡言放棄發言機會。
- 壟斷發言權。
- 打斷別人說話。
- 用辭低俗無聊。
- 粗聲粗氣及無禮貌。
- 中英夾雜或用口頭禪。
- 使用術語。
- 憤世嫉俗。

在「小組討論」期間，考官會從旁觀察每位考生，並就考生在「小組討論」過程中的表現，評核他們的溝通、表達、分析、理解及處理壓力等能力。

而考官主要是希望從「小組討論」這項測試之中，觀察到投考者的各種才能，而不是想看見考生們互相拼過你死我活，所以在「小組討論」測試中，考生緊記不可以抱住「不是你死、就是我亡」的心態。

至於考生過份表現自己、壟斷發言，並且不願意接受其他考生的見解，那就正正展現出你是難於與人相處以及合作。

在「小組討論」的考核過程中，考生懂得適當地表達自己看法，而且又能夠與其他組員達至溝通，從而表現出重視團隊精神的信念，是十分重要的。

還有在「小組討論」裡，考生切勿妄自菲薄或大言不慚，在討論的時候不應太具攻擊性，但亦不該過分保守，應該注意表達意見之餘，同時需要當一個好的聆聽者，懂得聆聽對方，別要錯誤地認為「講得多」、「講得快」、「講得大聲」就會取得在「小組討論」中之勝利！

歷屆小組討論問題

以下是「二級懲教助理」遴選程序中，曾經用作測試之「小組討論問題」：

1. 復辦渡海泳對於香港有否幫助？
2. 究竟學校是否應該加強「道德教育」？
3. 應否將「國民教育」列入為必修科？
4. 應否將「普通話」列入為必修科？
5. 應否將「中國歷史」列入為必修科？
6. 你是否贊成15年免費教育？
7. 政府推行15年免費教育，是否贊成？
8. 教科書價格不斷上升，是否應該推行電子書？
9. 環保是近期的趨勢，你對於環保有甚麼意見？
10. 有人話發展環保產業係大趨勢，你點睇？
11. 環保應該係由「教育」定係由「立法」去實行呢？
12. 你哋認為，用「教育」還是「立法」去推動還保比較有效呢？
13. 如果用增加薪酬的方法，去改善公立醫院醫護人員的流失問題，你有甚麼意見？
14. 你哋認為，「經濟」同「環保」邊一樣重要？
15. 「環保」同「經濟」，兩者之間是否有衝突？
16. 如何提高市民大眾的環保意識？
17. 政府應否比錢精英運動員？
18. 有團體促請政府增加撥款比精英運動員，你贊唔贊成？
19. 立法規管標準工時嘅利與弊？
20. 是否贊成有標準工時？
21. 實行「最低工資」的利與弊？
22. 「最低工資」是否會導致更加多人失業？
23. 你是否同意，「最低工資」是好心做壞事？
24. 有了「最低工資」，低收入人士是否可以取得滿意的基本生活？
25. 對於「遞補機制」草案有甚麼意見？

26. 對於「競爭法」有甚麼意見？

27. 「競爭法」對中小企可以獲得甚麼的好處？

28. 內地人來香港產子，對於醫療服務所帶來的影響？

29. 香港應否限制內地孕婦來港產子？

30. 政府應否拒絕雙非孕婦來港產子？

31. 雙非孕婦對香港社會帶來甚麼問題？

32. 攞綜援會否令人哋覺得係唔想做嘢？

33. 可以點樣幫助一啲攞唔到綜援嘅人？

34. 對於提升綜援金額，你有甚麼意見？

35. 應否為失業而需要申領綜援人士設期限？

36. 失業率高企的情況下，政府應否重新發牌照比小販？

37. 失業率高企的情況下，政府應否幫助青少年就業？

38. 美國應否干預中國的貨幣政策？

39. 如果地鐵設立女性車廂究竟係好定壞？

40. 是否贊成在地鐵車箱內加裝閉路電視？

41. 政府應該點樣幫助「漁濃業」界的發展？

42. 「漁農業」抱怨，話政府扼殺佢哋生存嘅空間，咁政府應該點去幫佢哋呢？

43. 如何幫助本港「旅遊業」界的發展？

44. 香港的「旅遊業」，是否主要依靠自由行？

45. 就刺激香港的「旅遊業」，香港應否興建賭場？

46. 取消一週多行，對「零售業」會造成那些衝擊？

47. 香港引入「美食車」，能否促進「旅遊業」的發展？

48. 究竟香港應該發展甚麼類型的產業？

49. 成也英國、敗也英國，你哋對公務員嘅規劃有甚麼睇法？

50. 公務員不滿意加薪幅度，會否影響士氣，並且造成負面的影響？

51. 對於男士享有侍產假有甚麼意見？

52. 男士侍產假期，究竟多少天才算合理？

53. 男士放待產假，對於中小企有無影響？

54. 中小企認為，男士享有侍產假，可能令其公司的經濟利益受損，你有甚麼意見？

55. 對於「自由」同「自律」有甚麼睇法？

56. 對於菲律賓外傭居港權一案，應否向人大釋法？

57. 對於菲律賓傭工爭取居港權，你有甚麼意見？

58. 應唔應該支持攞緊「長者社會福利」的長者回鄉養老？

59. 贊唔贊成有「全民退休保障計劃」？

60. 對於「全民退休保障計劃」有甚麼意見？

61. 贊唔贊成推行「全民醫療保險」？

62. 有人話推行「全民醫療保障計劃」，會令到中小企百上加斤，你有甚麼意見？

63. 對於全港推行「校園驗毒計劃」，你有甚麼意見？

64. 如果大埔區「校園驗毒計劃」推行至全香港的學校，你有甚麼意見？

65. 是否贊成「校園驗毒計劃」？

66. 對於5天工作週是否贊成？

67. 對於地產霸權引致貧富懸殊問題，你有甚麼意見？

68. 對於香港起焚化爐，你有甚麼意見？

69. 討論興建焚化爐的「好處」以及「壞處」？

70. 香港堆填區將在數年內飽和，應否興建焚化爐？

71. 香港的垃圾堆積問題越來越嚴重，請提出長遠解決這問題的方法？

72. 請講出擴建堆填區的「好處」和「壞處」？

73. 強積金自由行有甚麼意見？

74. 強積金可以保障退休人士嗎？

75. 網民上傳短片的風氣係好定壞？

76. 對於網民上載短片的利與弊？

77. 對於內地資金流入香港，你有甚麼意見？

78. 人民幣升值，對於香港有甚麼的影響？

79. 人民幣升值，對於香港是「利多於弊」，你同意嗎？

80. 是否贊成大陸人可以嚟香港買樓嗎？

81. 是否贊成「自由行」？

82. 對於現時「自由行」的睇法？

83. 「自由行」對於香港有甚麼的影響？

84. 「自由行」是利多於弊，你同意嗎？

85. 是否贊成實施「膠袋稅」？

86. 對於增加徵收「膠袋稅」，有甚麼睇法？

87. 是否贊成政府徵收「垃圾稅」？

88. 徵收「固體廢物收費」，是否處理垃圾問題的最佳方法？

89. 增加「印花稅」，對於投機活動有甚麼的影響？

90. 如何睇政府派6千元這個問題？

91. 對於財政預算案，發放6000元，你有甚麼意見？

92. 是否贊成發展新界東北？

93. 在發展新地區的時候，應該首先考慮那些因素？

94. 是否贊成興建第三條機場跑道？

95. 香港興建機場第三條跑道，會有甚麼的影響？

96. 對於政府增建「居屋」又或者「公屋」有甚麼意見？

97. 對於施政報告提議增加新公屋及優化「置安心」，你有甚麼意見？

98. 你哋覺得，香港的領導人，應該要具備甚麼的條件？

99. 如何改善空氣污染的問題？

100. 如何幫助香港青少年置業？

101. 如何能夠提升政府的民望？

102. 如何解決中港矛盾的問題？

103. 如何紓緩中港矛盾的問題？

104. 如何解決香港貧窮的問題？

105. 如何解決香港貧富懸殊問題？

106. 如何可以提升香港的競爭力？

107. 如何解決青少年酗酒的問題？

108. 如何解決青少年濫藥的問題？

109. 如何可以增加土地供應的問題？

110. 如何解決香港房屋需求的問題？

111. 如何解決香港人口老化的問題？

112. 如何解決建造業人手不足之問題？

113. 如何可以改善私營安老院的質素？

114. 如何能夠促進少數族裔融入香港？

115. 如何解決香港骨灰龕位不足之問題？

116. 如何培養年青一代有良好的公民意識？

117. 如何可以減低市民濫用「公立醫院」的服務？

118. 如何解決「公立醫院」醫療人手不足的問題？

119. 輸入外國醫生，是否會影響「公立醫院」的運作？

120. 有社會人士建議政府，應該介入「私營醫院」的收費，你同意嗎？

121. 政府應否回購領展？

122. 政府應該支持社會企業嗎？

123. 政府復建居屋，你贊成嗎？

124. 政府應否取消「雙辣招」壓抑樓市？

125. 政府應否收回東、西隧道的經營權？

126. 政府應否延長「公務員」的退休年齡？

127. 政府應該如何增加「飲食業」的人才？

128. 政府應該如何面對人口老化所帶來的影響？

129. 政府推出「白表免補地價購買二手居屋計劃」，你認為是推高了樓價，還是幫助了置業？

130. 政府應否全面禁止香煙廣告？

131. 是否贊成在公眾地方全面禁止吸煙？

132. 試説全面禁煙的「好處」以及「壞處」？

133. 增加「煙草税」，是否可以減少吸煙的人數？

134. 應否容許公屋住戶養狗？

135. 應否規管商舖租金？

136. 應否立法管制偷拍？

137. 社會急速發展，是否會掏空人的內心？

138. 科技急速發展，是否會掏空人得心靈？

139. 你同意父母應該選擇嬰兒的男女性別嗎？

140. 通訊軟件對於親子關係，是「利大於弊」，同唔同意？

141. 是否由祖父母/外祖父母所照顧的兒童，是較易被寵壞？

142. 停車熄匙是否應該一刀切實施？

143. 你同意成立「動物警察」嗎？

144. 若真係成立「動物警察」，有那些行動建議呢？

145. 試討論成立「動物警察」的迫切性？

146. 槍械合法化，同意嗎？

147. 香港電車應否淘汰？

148. 香港有否被邊緣化？

149. 香港是示威之都嗎？

150. 香港應否管制變性手術嗎？

151. 香港是否應該推行「消售稅」？

152. 香港人口老化，會為市場帶來那些新的機遇？

153. 香港人生活指數高，但快樂指數低，你地有甚麼諗法？

154. 你覺得香港重視私隱嗎？

155. 你覺得香港人現在快樂嗎？

156. 你覺得香港值得驕傲的地方？

157. 你認為網上侵權行為是否嚴重？

158. 香港的大學教育已經普及化，同意嗎？

159. 香港的大學學位增加，會否因此降低香港的大學生質素？

160. 是否同意限制私家車輛的數目，就能夠有效改善空氣質素？

161. 你認為政府是否應該興建中環至灣仔之繞道？

162. 你認為香港是否需要仿效外國的「道路收費計劃」，從而改善交通擠塞的問題？

163. 試討論香港是否忽略運動發展？

164. 是否支持同性婚姻？

165. 是否同意需要增設多條電視頻道？

166. 網絡視頻迅速發展，對於傳統電視業來説，是「弊多於利」？

167. 飲食日漸西化，是否引致肥胖的主要原因？

168. 是否同意香港政府推出的「優秀人才入境計劃」？

169. 基於服務質素下降以及車費不斷上升，港鐵應否繼續交由政府營運？

170. 網上購物既流行，會對傳統的經濟模式有甚麼的影響，並且會帶來甚麼的機遇？

171. 除了立例規管日漸普及的醫療美容手術之外，還有甚麼的方法，可以防止市民受騙以及受損？

172. 你同意「滬港通」開通嗎？

173. 你同意「深港通」開通嗎？

174. 安樂死應否合法化？

175. 市民反應過激，是否就能夠帶來權益？

176. 你是否同意為了大部份人的利益，就可以犧牲少數人的利益嗎？

小組面試(Group Interview) —— 「小組面試」個案分享(1)

去到首先會有亞Sir問你考生號碼，之後會話你知坐响邊到，然後等叫考生號碼去對學歷、身份證、交相，如果之前考過基本法，就交基本法測試成績通知書的正、副本。並且檢查之前在網上所填寫的G.F. 340（即是香港特別行政區政府職位申請書）既資料是否需要更新或更正。

完成上述手續之後就再等待，直至亞Sir叫考生號碼就入房面試。「小組面試」會分為A、B、C、D Board，合共4個面試室。

我係C組：10個人一組（分別係5位男考生、4位女考生，而有1人無出席，原因不明），全組人當中有3位是大學生、有2位女考生是F.7、其他人均是中五同毅進學歷，而年齡最大是一名29歲 的男考生，2位男主考官〔職級是2粒花同3柴(一級懲教助理) 〕，2位亞Sir好好人，令到面試的氣氛好舒服。

首先每人「自我介紹」2分鐘（我講咗投考「二級懲教助理」的原因同學歷，時間控制都剛好。）

「小組討論問題」：示威遊行對於香港社會的影響？

我有講出「正、反」兩面的意見，然後是「個人立場」，並且有提出「建議」。

整體全組考生的表現都十分平均，期間有2位考生比較靜少少，不過亦都有發言一次。

面試完入返Waiting Room，要同亞Sir講返你係邊間房面試，之後就走得。

小組面試(Group Interview) — 「小組面試」個案分享(2)

我個組兩位考官到是亞Sir，分別係「懲教主任」及「一級懲教助理」。

正常每一組應該有10位考生，但我個組有人無嚟面試，因此參與人數只得7位，再加上無枱，所以考官要大家圍一個大圈坐，而且原本每人2分鐘的「自我介紹」，考官亦都講明會變成每人要講2分幾鐘的「自我介紹」。

過程中考生係無得睇時間或者睇手錶，期間見到有些考生因為無準備，所以講唔足2分幾鐘的「自我介紹」；亦都見到有考生即使講完「自我介紹」的結尾：「多謝，我嘅自我介紹係咁多啦」。

但主考官係會完全DEAD AIR、唔出聲，等到個計時器響，先至會叫「停」！

然之後才叫下一位開始「自我介紹」！

不過有樣嘢真係要提一提各位考生，最好早半個鐘去面試。另外見到最少有10個考生著便服、亦有3個染有金色的長頭髮。最離譜係有考生竟然話無帶身份證，期間亞Sir同佢所講嘅內容我就聽得唔清楚，不過見亞Sir比咗張嘢佢簽，跟手請佢即時離開……。

小組面試(Group Interview) ─ 「小組面試」個案分享(3)

到達試場後，根據指示去到班房，然後坐在木櫈上等。

亞Sir會逐個叫出去登記，登記完會派坐位號碼，之後就坐在號碼椅上等夠鐘面試。

我個組十個人齊晒，有6男4女，兩位考官要大家U形坐開，面試過程是全中文對答，唔會用英文。

每位考生會有2分鐘的「自我介紹」，如果考生在2分鐘之內，未曾講完其「自我介紹」，考官會要求停止，唔準再講，然後交比下一位考生講「自我介紹」。

相對如果有考生的「自我介紹」太短，講唔夠2分鐘，剩低的時間就要一直等到夠鐘，先至再到下一位考生。

而我的「自我介紹」就集中講點解要來投考「二級懲教助理」，我的「自我介紹」內容亦都同時圍繞係正面及有意義等事情。

基於現場氣氛相當緊張，而且面對住其他考生，所以我當時是有手顫，因此我決定選擇做手勢嚟掩飾，例如：在說出「我投考『二級懲教助理』的原因有三點」這句說話之時，我就舉起三隻手指等等…盡量不讓其他人知道我緊張而導致手顫，並且作為展示自信的一種方法。

當所有考生「自我介紹」完畢之後，考官就會講出「小組討論」的問題，今日我個組嘅題目係「究竟香港應該發展乜嘢產業？」

講完題目之後，考官會比考生有1分鐘沉默思考，於1分鐘後考官就會宣佈開始討論，時間共20分鐘。

在「小組討論」的過程之中，是不需要輪住編號作答，但當然建議大家唔好搶、唔好爭住答。期間考官只會聚精會神觀察各考生之表現，唔會出聲。

今日考完，我個人有小小發現！

（1）：好多考生都無出席面試（每組都有1-2位考生缺席）。

(2)： 好多考生都無著西裝（每組都有1-2位的考生無著西裝，而且有些甚至著到奇裝異服，T恤、牛仔褲都算啦，竟然重要係著到花花綠綠、好多圖案的恤衫，再加上染有金色頭髮，簡直係似飛仔多過似考生，真係令人目瞪口呆、嘆為觀止）。

(3)： 好多考生的「自我介紹」都好唔得，完全無準備，而且無講比考官知，投考「二級懲教助理」的主要原因。

(4)： 在「自我介紹」期間，考官是會作出計時，除非你的「自我介紹」比較吸引，否則夠2分鐘便會被叫停。

(5)： 於「小組討論」的過程之中，考生應該要表現出有「鬥心」，但千萬不要沉不住氣，因此與其他考生「鬥氣」。其實只需要講出自己的意見，並且不要去攻擊別人的意見，同時表現出樂於接受不同意見的量度就可以啦。

　　 另外，如果有人反對你的意見，應該利用微笑注視對方和點頭，倘若對方沒有查問你問題，就盡你所能不要反駁，由得對方自我陶醉地講。最後，只要你有論點，通過「小組討論」就絕對不難。

(6)： 而在「小組討論」期間，我見到有幾個考生不停地指出某一、兩位考生的錯誤，我覺得這樣只會令到那幾位考生的分數更低。因為考官已經在開始之前表示，這是「小組討論」不是「小組辯論」，當然更加不是批鬥大會。

考生應該知道，抽別人的錯誤以及批評別人是絕對不會令到自己加分，甚至反而會破壞整個遴選面試的氣氛及考官對你的印象。當然一定會有人認為抽人錯處就可以把別人打倒，還可以擊倒對手的自信及分數。

至於點樣可以用婉轉而有技巧地更正別人的錯誤，是需要高度的技巧，並非三言兩語就能夠做得到，各位考生應要三思而後行。

最後，各位考生應該緊記，你的目標是想加入懲教署成為「二級懲教助理」，申張正義、維護社會安全，而並不是為了在「小組討論」期間打低其他考生。

小組面試(Group Interview) —
「小組面試」個案分享(4)

自我介紹：

首先我的「自我介紹」就是集中講投考「二級懲教助理」的主要原因。

我嗰組係坐响椅子講「自我介紹」，同考官的距離有大約2米，所以聲量控制好緊要。而其他要注意的事情，來來去去都係坐直、不應該有小動作、不應該左搖右擺、眼神要有交流………等。

此外，儀容外表都十分重要，呢度已經證明咗，因為「自我介紹」係企係度講，所以考官可以由頭到腳好仔細睇到你以及評估你。

因此，設計2分鐘的「自我介紹」係好緊要，最好係時間岩岩好，因為如果「太簡短」只得大概1分半鐘，就會令到考官覺得你用唔盡時間，浪費咗推薦自己比考官的機會，沒有充足嘅準備等。

但「自我介紹」的時間「太長」，考官亦都會覺得你「毫無重點」，立場唔夠鮮明，而且太長時間的「自我介紹」，考官的集中力都會下降啦。除非你的「自我介紹」真係驚天動地，獨一無二。否則我個人覺得2分鐘至2分半鐘係啱啱好。

當所有投考者完成2分鐘的「自我介紹」後，考官會安排大家進行「小組討論」，考官會講出一個題目，然後比1分鐘時間供各投考者思考，之後每位投考者平均會有2分鐘發揮，時間自行控制。

「小組討論」題目係：如何解決香港骨灰龕位不足之問題？

當時一聽到題目，就立即緊張起來，因為我對於「骨灰龕位不足」呢方面的情況了解唔多，但係依然需要去勇於面對。所以思考1分鐘之後，開始時並不是第1個考生發言。

我係第3個考生發言，而個人覺得重點就係呢度，其實是第幾位考生發表意見，就可以從中評估考生的主動性，積極性，自信心等。所以我建議考生，

在「小組討論」的時候，應該要盡量爭取頭幾名發表意見。

當聽到題目並且開始1分鐘思考期間，其實我只有零碎的想法，所以我只好耐心地等待，但係當我聽咗前兩位考生的意見之後，就增加咗自己的見解，於是就配合之前考生的意見，然後再補充我個人的「見解」、「立場」及「建議」去講。

討論過程中，建議考生應該注意眼神、動作、流暢度、唔好中英夾雜、聲線清析、說法合理、唔好含糊。我個人覺得已經達到「小組討論」的要求。討論期間，我都無留意過考官，主要是望住其他考生發表意見。

「小組討論」分享及心聲：

- 考官亞SIR一開始就講出大家「要公平」，每一位考生都應該要有發言，大家唔好搶答。

- 考官要考驗的，是投考者的語言能力，以及投考者說話內容是否有觀點和論證。只要你比亞SIR睇到你講嘢嘅時係夠唸定、有條理咁講你嘅論點、有清晰立場就可以了。

- 考官在討論過程之中，同時會觀察你的為人，例如是否有禮貌、以及尊重其他考生，因為懲教署的「價值觀」都有講啦，**以人為本：重視每個人的尊嚴，以公正持平及體諒的態度處事待人。**

- 「小組討論」過程中，亦見到有考生不敢放聲討論，展現出沒有自信心，緊記懲教署是不會聘請一些沒有信心的投考者。

Day 3（第三關）：二級懲教助理 ──「能力傾向測試」及「基本法知識測試」(Aptitude Test & Basic Law Test)

「能力傾向測試」(Aptitude Test)

- 成功通過「小組面試」的考生，會收到電郵邀請其出席「能力傾向測試」及「基本法知識測試」。
- 測試地點同樣是位於香港赤柱東頭灣道47號的「懲教署職員訓練院」內舉行。
- 「能力傾向測試」，是中、英對照的試卷，全卷總共有大約80題。
- 題目類型包括: 「類比推理」、「數學推理」、「圖形推理」、「處境題目」、「心理測驗」。
- 當中約20題是屬於「類比推理」、「數學推理」、「圖形推理」、「處境題目」。
- 餘下約60題是與「心理測驗」有關的問題。
- 「處境題目」主要是評估投考人的價值觀
- 「心理測驗」的問題，則只有簡單的一句句子，例如:我不會説慌，但卻有6個答案給考生選擇，分別是由「絕對同意」到「絕對不同意」等，詳情可以參閱以下例子。

類比推理題目範例

(1) 土星、水星、火,星、木星、( )？

(2) 西瓜、檸檬、榴槤、哈密瓜、蘋果、( )？

(3) 甲的年紀比乙大，丙的年紀比丁大，甲的年紀比丙大，以下那項不能成立？

(4)

> 姓名：陳大文
>
> 電話：12345678
>
> 性別：女
>
> 地址：RM 2409, 24/F YY House, OO street, Kwun Tong, Kowloon

根據上述資料，以下那個資料是對的？

a) 姓名：陳小文

b) 電話：12345678

c) 性別：男

d) 地址：RM 2408, 24/F YY House, OO street, Kwun Tong, Kowloon

數學推理題目範例

- 一個人在一間餐廳吃飯，吃了一碗飯花了328.1元，再叫一杯飲品花了38.7元，然後結帳要加一，最後需要付多少錢？
- 一公斤報紙賣$3.95元，那麼四公斤的報紙可以賣多少錢？
- 一個水塔用A水閘，就能夠於11分鐘將所有水排走，而當水塔用B水閘之時，則需要用18分鐘，才能夠將所有水排走，如果同一時間將這2個水閘打開，一齊排水，那麼要用多少時間才能夠將水塔內的水排走？

（註：能力傾向測試過程中，是不準使用計數機的）

心理測驗題目範例

	絕對同意	同意	少許同意	少許不同意	不同意	絕對不同意
1. 你是否很乖	1	2	3	4	5	6
2. 你是否很勤力	1	2	3	4	5	6
3. 你是否經常笑	1	2	3	4	5	6
4. 你是否經常喊	1	2	3	4	5	6
5. 你是否好樂觀	1	2	3	4	5	6
6. 你是否好奇怪	6	5	4	3	2	1
7. 你是否有暴力	6	5	4	3	2	1
8. 你是否有耐性	6	5	4	3	2	1
9. 你是否同意在合理情況下使用暴力	1	2	3	4	5	6

處境題目範例

上司要求你出席一個十分緊急的會議，但途中你看見兩名同事正在發生爭執，你會如何處理？

A) 不去理會兩位同事，繼續趕去開會

B) 不去開會，首先處理兩名同事的爭執

C) 處理爭執，但首先告訴上司不能如期出席緊急會議

D) 找其他同事處理爭執，自己則先去開會，開完會後再作進一步處理

一天，一名同事因發生了失誤，從而令公司失去了一個大客，事後經理對這名失誤的同事非常憤怒，並且用粗言穢語辱罵該名同事，並且同時辱罵其他下屬，如果你看見這情況，你會如何處理？

A) 扮裝到看不見，因為上司罵下屬是對的

B) 立刻上前充當和事佬

C) 打電話給經理，分散其注意力

D) 找一個合適的時候，在顧全面子的情況下，向這位經理指出這樣是不對的

一天，你的上司指派你出席一個非常重要的宴會，要你為公司日後的業務結交朋友，但你只穿了便宜的西裝出席，當你到達宴會之時，你發現其他客人均穿了非常名貴的西裝，你會怎麼辦？

A) 扮作不知道，繼續在會場結交朋友

B) 離開會場

C) 在通知上司有關情況後，立即離開會場

D) 暫時離開會場，然後盡快買名貴的西裝，然後再進會場

一天，你得知公司的同事，做了違法的事情，你會如何處理？

A) 扮作並不知情，繼續工作

B) 告訴上司知，有同事違法

C) 繼續找更多證據，然後報警

D) 因為害怕牽涉入內，立即辭職

《基本法》知識測試 (Basic Law Test)

- 為提高大眾對《基本法》的認知和在社區推廣學習《基本法》風氣，所有公務員職位申請者，包括「懲教主任」及「二級懲教助理」，均須接受《基本法》知識測試。

- 投考「懲教主任」或「二級懲教助理」的考生，如果能夠獲邀參加「寫作測試」或「能力傾向測驗」，會被安排於「能力傾向測驗」當日接受《基本法》知識測試。

- 投考「懲教主任」或「二級懲教助理」的考生，在《基本法》知識測試的表現，會用作評核其整體表現的其中一個考慮因素。

- 《基本法》知識測試是一張設有中英文版本選擇題形式試卷，全卷共15題，投考者須於25分鐘內完成。

- 《基本法》知識測試並無設定及格分數，滿分為100分，有關成績永久有效。

- 投考「懲教主任」或「二級懲教助理」的考生，如曾參加由其他招聘當局／部門安排或由公務員事務局舉辦的《基本法》知識測試，可獲豁免再次參加《基本法》知識測試，並可使用之前的測試結果作為《基本法》知識測試成績。

- 投考人如欲使用過往曾經在《基本法》知識測試中所考取的成績，其必須出示《基本法》知識測試成績通知書正本，有關成績才可以獲得認可。

- 投考人亦可以選擇在參加「寫作測試」或「能力傾向測驗」當日，再次參加《基本法》知識測試，而在這種情況下，則會以投考人在投考目前職位(即「懲教主任」或「二級懲教助理」)時所取得的成績為準。

- 而有關於《基本法》知識測試的內容、參考題目以及常見問題，均可以瀏覽公務員事務局的網頁以作參考。http://www.csb.gov.hk/tc_chi/recruit/cre/1408.html

Day 4（第四關）：二級懲教助理 — 最後面試(Final Interview)

- 成功通過「小組面試」、「能力傾向測試」及「基本法知識測試」的考生，會獲邀請其出席「最後面試」
- 「最後面試」地點同樣是位於香港赤柱東頭灣道47號的「懲教署職員訓練院」內舉行。
- 考生必須根據邀請信內所列明的日期及時間出席「最後面試」。
- 改期之申請是不會獲得受理。
- 如果考生缺席「最後面試」，有關的申請將作放棄論，並且會即時終止處理其申請而不會另行通知。
- 考生出席「最後面試」時，其必須出示學歷證明文件的正本，並且提供一份副本，以茲證明其學歷及語文能力均符合「二級懲教助理」職位的入職條件。

二級懲教助理-最後面試(Final Interview)之中，會包括以下類型的問題：

- 自我介紹
- 自身問題
- 懲教署的問題
- 時事問題
- 處境問題
- 英文問題
- 其他問題

PART

04

應試必備攻略

投考「二級懲教助理」成功個案 (1)

【體能測試】：

體能測試由於有好多人考，競爭好大，因此考官對於每一個動作都捉得好嚴，同埋眼見唔少人的動作做極都唔正確，因此被淘汰出局。

【小組面試】：

當日被安排早上進行小組面試(Group Interview)，由於居住地點較遠，所以6點正就起身，一早搭車前往赤柱。

到達赤柱之後，首先會被安排去一間房，當時大約有40人，去到房間就取出身分證進行登記，然後就攞號碼牌，之後就10個考生為一組去另一間房。

考生首先抽號碼牌，然後一個跟一個企起身對住考官講2分鐘的「自我介紹」，緊記2分鐘，就真係2分鐘，無多無小，夠鐘即停，我嗰組唔會再追問「自我介紹」的內容及問任何有關於「自身的問題」。

(註: 我知其他組有被考官問「自身問題」)

當10個考生講完「自我介紹」之後，就會立即開始「小組討論」，我嗰組的題目係「對於香港自由行的睇法？」，討論過程大約20分鐘。

完成「小組討論」之後，就離開赤柱。期間認識隔離組的考生，佢哋的「小組討論」題目係「贊唔贊成有『全民退休保障計劃？』」

當日從其他考生處得知，還有的「小組討論」題目如下：

- 是否贊成發展新界東北；
- 是否贊成自由行；
- 是否贊成有標準工時；等

註：「小組討論」的題目應該沒有重複，因為發覺好多組的「小組討論」題目都並不相同。

【最後面試】：

「最後面試」印象中有4間房，每間考試房間的考法都不會相同，真係睇好唔好彩，考生稱之為「天堂房」或者「地獄房」。

「天堂房」問題易及考官nice咁解，而我好彩，就入了「地獄房」!!!

在面試室外等候的過程中，我有留意其他考生的學歷，原來好多都有高級文憑、副學士或以上學歷，甚至是大學生。

到我面試，感覺好有壓迫感，首先2分鐘「自我介紹」。

（註：因為早2日之前，認識的考生均表示沒有「自我介紹」此環節，考官只係會叫考生講吓興趣、專長等。所以真係估亞Sir唔到，面試真係成日變，我就全部準備晒「投考懲教署原因」、「工作」、「學歷」、「義工」、「興趣」及「專長」等。而我真係癲到為咗「自我介紹」可以好聽啲、有充足之內容，能夠讀既書、做既嘢我都做晒，例如其中我真係走去學習手語，上堂真係好悶，但都只係為咗令到「自我介紹」之時可以講多10秒8秒，以及話比考官知我可以係識手語，哈哈。但我覺得包裝真係有用，因為我沒有漂亮的大學學歷呀嘛。）

問「自身問題」：

- 點解咁想加入懲教署？

- 點解我要請你？（即係考你有乜嘢誠意？）

- 如果第時做既崗位實在太悶，你會唔會辭職唔做？

- 如果真係請咗你，加入咗懲教署的話，但係無得升級，無發展機會，係咪會感覺好屈就呢？

（我覺得呢條問題比較難答，因我當時為了加入懲教署，所以一直做的工種都比較好聽，同埋職位的銜頭都是見得人既職業，而我當時的職位係服務行業的「助理經理」，所以我覺得職業好聽係有幫助，最後我答完之後，亞Sir就好滿意重笑住收貨？）

109

到考「英文問題」：

- 中國內地人到香港自由行你點睇？

（首先條題目難到都聽唔明，個亞Sir唔知係咪聽到我「自我介紹」話讀緊副學士，所以就以為我真係有副學士既學歷，出條咁難既問題。只好盡力用有限的英文講出有關既睇法。而講到最後，我好有誠意解釋自己的英文比較差等等。但我收風早兩日「英文問題」係問個人興趣同放假會做啲乜嘢，唉，我唔好彩，出呢條!)

最後考「處境問題」：

- 在囚人士既飯堂著火，你會點樣處理？
- 在囚人士身體發現有傷痕，你會點樣處理？

面試完畢，亞Sir會問有無問題？（我有爭取，講咗幾句補充說話，並且多謝考官的接見，讓我有機會參與遴選面試。）最後面試總共用咗大約20分鐘。

其實我覺得最難係等「品格審查」，因為我個人比較心急，雖然等了個幾月已經算快，但係過程好忐忑不安，等到頸到長，最後收到入班電話所以都好開心！

投考「二級懲教助理」成功個案 (2)

最後面試當日，一入到去面試房間，一閂埋門，第一時間有禮貌地向考官講：「Good Morning Sir! Good Morning Madam! 我係考生XXX編號XXX!」，然後等大Sir示意，於是行埋坐位度企好，再等大Sir示意坐低，我就講「Yes Sir! Thank You Sir!」，然後才敢坐低；坐低後第一件事，就是大Sir叫我用1分鐘講「自我介紹」？

由於我已經準備了兩篇「自我介紹」，一篇係長既2分鐘，另一篇係短既1分鐘的「自我介紹」。所以我就將短的那篇「自我介紹」講比考官聽，而內容主要是投考「二級懲教助理」的原因。

講完「自我介紹」之後，大Sir正正式式問問題，佢首先問我作為一個懲教人員，除咗需要擁有「高度誠信」、「正直無私」、以及「緊毅不屈」之外，還需要具備甚麼特質？

我當時知道，大Sir將懲教署的「價值觀」拆開咗嚟考我，經過消化此條問題之後，我答重要有「專業精神」、「以人為本」、「嚴守紀律」既特質，並且將有關「價值觀」既內容講出嚟。

跟住，大Sir就考我「懲教署問題」：
- 懲教署轄下有幾多間院所？
- 當中分為幾多種院所類別？
- 當中有幾多間院所在離島？
- 可以點樣去喜靈洲懲教所？

我全部都快而準咁答得出，於是之後大Sir就再追問：
- 懲教署署長是誰？
- 保安局局長是誰？

而我依然都係第一時間準確回答。

然後就開始考「時事問題」：

- 首先問我所居住地點有甚麼政黨及區議員？
- 對於我所居住的地點，有甚麼社會問題、民生問題需要解決？

之後考「處境題」：

- 假如我獨自一人當值，在一個有50位犯人既工場入面，行行吓突然之間發現角落頭有一個犯人，正想利用一支磨尖咗嘅牙刷插向自己自殺，我會點樣處理？

跟住到Madam考我：

- 你自己覺得有乜嘢優點能夠勝任「二級懲教助理」這份工作？

跟住由「一級懲教助理」考我：

- 對於「服務質素科」有乜嘢認識，盡量講出嚟？

最後再次由大Sir考我「英文題」：

- 今朝早餐食咗啲乜嘢？
- 喜歡那一種運動項目以及喜歡那一位運動員？

面試完畢之前，大Sir用返中文問我有無野想問？

答：「亞Sir/Madam，我無特別嘢想問」，但係我想借呢一個機會，同亞Sir以及Madam講一句Thank you Sir、Thank you Madam，原因係因為哂咗亞Sir同Madam嘅寶貴時間嚟接見我。

Thank you Sir、Thank you Madam，之後就面試完畢。

面試後，我想分享一些關於儀容及髮形的心聲，考生既然有心去投考懲教署，就應該一定要將頭髮理得乾淨清爽，剪一個清爽既短髮，頭髮不要長過耳朵以及唔好染有顏色，因為面試等候期間，見到有考生染咗個深啡色既頭髮。

另外，衣著亦建議應該穿著傳統款式的黑色西裝、黑色呔、白色恤衫、黑色皮鞋，點解呢？

因為這樣最能夠表達出你重視這場面試，表現出你尊重面試的考官，表現出你認真花費時間讓考官覺得你有穩重、成熟、專業的感覺。

我個人再建議考生穿著傳統款式的黑色西裝時，絕對唔可以穿著白色襪，因為真係好肉酸。過程中見到有考生就係穿著白色既船襪，真係好礙眼。

試想想，參加面試時，當你還未開口講話，考官見到的就是你的衣著和儀容。所以考生應該花一點時間預先做好呢一方面，比考官第一個好印像，亦令到考官無法在這方面挑剔自己，而且外表整整齊齊，自己都會有多啲自信心啦。

投考「二級懲教助理」成功個案 (3)

穿上綠色制服，扣上黑色腰帶，面對新一日的挑戰，我是懲教署的「二級懲教助理」，現時已經工作2年多，光陰似箭、日月如梭，不知不覺我已不再是「新紮師兄」。

看到新出學堂的同袍，不禁令我聯想起當初投考時的情境。

二級懲教助理整個投考過程需時很長，首先要通過「體能測試」，雖然「體能測試」看似容易，但到真正上戰場時就真的要竭盡所能才可以通過。

而且每一個「體能測試」項目的動作要求及姿勢必須100%正確，否則立即淘汰及離場。

「體能測試」那天可以稱得上行程緊密，一項緊接一項，完成後大約只有幾分鐘時候休息，因此體能需求是十分重要，並且需要早有準備。

當能夠成功通過「體能測試」之後，會再比張紙考生，通知幾時會再進行「小組討論」。

其後，就要邀請考生參加「能力傾向測試」和「基本法測試」。

我個人認為「能力傾向測試」是比較神秘的測試項目，沒有固定準則，因此當時在應試之前，也沒有作出特別的準備，但是「能力傾向測試」答題時間較短，所以不能花過多時間思考題目。

當通過「能力傾向測試」和「基本法測試」之後，再等通知出席「最後面試」(Final Interview)。

經過重重難關，最困難的不是面試過程，而是苦苦等待面試結果的時候，慶幸當時我是在工作中，否則每日在等待的心情真是牽腸掛肚。

「最後面試」當日我是第一個到達試場應考的考生，需要面對考官已經有無形壓力，再加上是第一位考生，壓力再度加倍，當我進入面試室，看見沒有笑容的考官，更是考驗個人自信心的時候。

面試完成，步出考室之時，自覺成功機會率微乎其微，預料必定失敗，想起對答過程真係驚險萬分，也帶點後悔。

經過多個月後，終於收到懲教署致電通知到總部領取「品格審查」表格，並再到總部簽約以及進行「體格檢驗」，完成所以有遴選程序後，我正式受聘接受23星期的訓練。

懲教署學堂心聲：

如要正式成為一位「二級懲教助理」就必須通過為期23星期的多元化入職訓練，當中包括學習以下的項目：

1. 香港法律、規例、及工作守則
2. 處境訓練
3. 體能訓練
4. 步操訓練
5. 急救常識
6. 犯罪學
7. 自衛術
8. 壓點控制戰術
9. 遇抗控制戰術
10. 領導及信心訓練
11. 武器及槍械使用
12. 緊急應變策略
13. 溝通技巧及普通話
14. 懲教院所實習(是為期兩星期的駐懲教院所實習，俗稱試更)

記得入學堂初期每晚都只能睡3至4小時，而且還擔心每星期會被教官懲罰不能回家，所以剛入學堂時是忙得沒法睡覺，每晚都需要熨制服、磨鞋和做清潔，所以絕對沒有充足睡眠，使到每天上課時必定要加倍集中精神，否則後果不能想像。

而且在需要高度集中、專注及紀律的步操堂最能感受得到，稍一不慎就會鑄成大錯，被教官破口大罵，因此每當上步操堂時，大家都會有很大壓力，也許這是為將來應付工作壓力而作好準備。

另外，最大壓力就是沒完沒了的考試，當中包括6次體能考試、10公里長跑考試以及6次法律考試，還有其他科目的不定期考試，長跑向來都是我的弱項，所以迫使我每天下課後不論是多麼辛苦也會到操場練跑。

在學堂時最開心莫過於能夠在班主任帶領下到不同的懲教院所參觀，了解未來的工作環境，不僅如此，學堂更為我們提出在23星期訓練中有兩星期到懲教院所進行實習，認清自己是否合適這份工作。

在23星期中最難忘的事情是完成兩星期「試更」後的體育課，原本在兩星期的「試更」裡，在院所跟師兄所學習的東西均能夠應用在學堂，不過卻被一課瘋狂的體能課完全洗清，經過那天早上，每一位同期都會「刻骨銘心」，這完全能夠在我們吃飯時表現出來。

在餘下的幾星期訓練中，也是最難忘的事情，防暴訓練、射擊訓練、人事管理訓練、三日兩夜的野外訓練營，這些訓練令到本來非常辛苦的，都會變到愈來愈享受。

到了第20星期，所有訓練都幾乎完滿結束，餘下就是專心操好結業會操，成功完成所有艱辛訓練，順利畢業是人生一大里程碑，當在操場上成功完成整個結業會操，那種滿足感就連當時到場觀看的親友都能感受得到。

總括來說，23星期訓練時間不算多也不算少，每天每星期的點點滴滴都留下深刻的印象，現在經常與同期聚會都會不停提及以往一同被教官懲罰的事件。

由第一天進入訓練院到最後一天要離開，兩種是完全不同的感受，也可說現時即使是在院所工作中，也不會忘掉當天每一位教官的教導。

投考「二級懲教助理」成功個案 (4)

2016年5月，終於入到懲教署「二級懲教助理」的小組討論環節，由於今天的招考程序是09:00時至10:00時，所以我就提早到達赤柱東頭灣道47號的「懲教署職員訓練院」。

於08:30時，懲教署的職員就示意考生可以入去，首先擺出通知信及身份證比職員檢查，然後一起行上去2樓09室。

同以往一樣，我都有留心觀察其他考生的衣著，今年比之前好好多了，最起碼有好多考生都懂得穿著整齊的西裝，但當然都有個別一、兩個女考生竟然穿著出街衫、穿著涼鞋，同組則還有另一個女考生穿著紫色平底鞋。除此以外，亦有男考生穿著粉紅色恤衫以及打粉紅呔應試。

期間，懲教署的職員，會幫考生登記並且分配組別，我係屬於A組。

我地A組係最齊人，當時入到5號課室，主席以及兩位副主席都係亞Sir，當中還有一位Madam。

亞Sir就會首先講解整個「小組討論」的流程：
第一部分: 2分鐘「自我介紹」
第二部分: 20分鐘「小組討論」

事實上「自我介紹」是「二級懲教助理」面試中非常關鍵的一個環節，但是有考生竟然在這個必備部分完全沒有準備。例如有一個女考生的「自我介紹」就只是不斷講佢亞哥的興趣，並不是講自己，亦有部分考生不斷地將懲教署的「抱負、任務及價值觀」套入其「自我介紹」之中。

而我的「自我介紹」，則主要講出投考「二級懲教助理」的主要原因，接著是工作經驗，然後再加上說明自己係一個注重紀律的人，兼且會於工餘的時

間，義務幫學校教導學生步操等等。

到「小組討論」的時候，亞Sir於一個加密信封內拆除題目，然後朗讀出題目，亞Sir會提醒考生有關於題目的性質，並且提醒考尸竹手一在討論期間不應離題。

小組討論的題目是「如何提升香港競爭力」？

亞Sir會比1分鐘我地思考此題目，準備以及討論的過程中是「無紙無筆」的。

當思考了1分鐘之後，我是第一位考生發言，但畢竟此題目日常比較少接觸，唯有講以「金融、物流、專才」等加以利用作為一個優勢，從而「提升香港的競爭力」。

但是當我一講完，就有一位女考生第一時間反對我的論點，反對我以「金融」作為其中的一個競爭力。結果因為這位女考生展開了反對的第一步，因此其他考生的反對聲音就不斷地此起彼落。

期間，有考生講以「旅遊業」作為提升香港的競爭力，亦有人講利用「一帶一路」作為競爭力。

而有另一位考生，竟然話係因為香港太多罪案，所以才會影響競爭力，因此應該首先打擊罪案，從而令到其他人有信心，就能夠提升香港的競爭力。

整個「小組討論」的大部分時間，均被幾位考生佔據並且一直在壟斷發言。

直到大約5分鐘之後，我終於可以再次發言，我加以補充可以吸引不同的「外資公司投資香港企業」以及再擴建「主題樂園」，使香港提升競爭力。

最後在「小組討論」完成後，亞Sir作出了訓示，並且提供好多建議給予我們，例如：

（1）：評論「自我介紹」是應該著重介紹自己，讓考官能夠了解考生，是否適合擔任懲教署「二級懲教助理」的職位。

（2）：好多考生的「自我介紹」主要是介紹懲教署的「工作」以及「抱負、任務及價值觀」，亞Sir話佢其實已經好了解懲教署的工作，不需要考生在「自我介紹」期間，再次重複話比考官知道。

（3）：在「小組討論」期間，考生的思路太狹窄，只是不斷講旅遊業、物流業、一帶一路等，考生應該從多方面「提升香港的競爭力」。

其實好少亞Sir在面試之後，會提供這麼多建議給予考生的。

2016年6月，去做「能力傾向測試」及「基本法知識測試」。

2016年7月，參與懲教署「二級懲教助理」的最後面試環節，我考11:15時，原來可以提早入去，按指示上到二樓8號室登記，當日會要求你出示最高學歷的成績證書。

最後面試是4位考官

我1位考生，主席係女Madam：

一開始就是一分鐘的「自我介紹」，之後問「懲教署問題」：

(1) 懲教署「署長」及「副署長」是誰？

(2) 懲教署的「抱負、任務及價值觀」？

(3) 甚麼是「更生先鋒計劃」？

(4) 有那些「高度設防」的懲教設施？

因為我在「自我介紹」提及我在學校義務教授步操，所以考官就用這個作為處境題，問如果年輕在囚人士不肯步操，你會怎麼做？

我回答會用軟手段，只要他們肯步操，我就給予他們多一點小息的時間等等……（中間還衍生好多問題）

最後面試大概15-20分鐘左右就完畢。

註：今次的最後面試，並沒有問「英文問題」。

投考「二級懲教助理」的感想及「學堂心聲」

回想數年前，剛剛踏足社會不久，由於個人學歷不高，只能從事一些基本技術的工作；在待遇、福利等等各方面，均未如理想，故此我希望得到一份有穩定收入，且可以長遠發展的事業，於是，我報讀毅進的紀律部隊課程，以獲取相關學歷，繼而投考懲教署的「二級懲教助理」，希望能夠成為紀律部隊的一份子。

還記得當年我二十歲出頭，不論工作或社會經驗都欠奉，投考紀律部隊於我當時而言，可算是一件人生「大事」，因為我從來未嘗試過應徵一個如此多重關卡的職位，所以我對該次投考的事前準備、過程和結果都非常重視。

由決定投考「二級懲教助理」那時開始，我就習慣每天最少進行一小時的體能訓練。因為在遴選過程中，第一關就是體能測試，所以必須保持良好體魄，以應付成為「二級懲教助理」的基本條件。

當順利通過體能測試之後，隨之而來的，就是小組面試，在這段時間，我每天均會閱讀報紙、看電視新聞報導，關心世界大事，為第二關作好準備。

在通過第二輪甄選過程後，便是基本法及能力傾向考試。

由於各地區的民政事務處均有提供基本法小冊子，供市民自由取閱，所以我第一時間熟讀基本法小冊子的內容，為第三關作最好準備。

而通過這一關之後，最後一輪甄選程序就是個人面試，在面試過程中，考官會提出不同類型的問題，例如詢問關於懲教署架構資料、歷史、懲教署日常工作的處境問題、香港時事、自身問題、甚至還有英語對答。

不過面試看重的並不是考生是否能夠百分百答對所有題目，考官反而更加著重觀察考生的臨場反應、思維方向、分析能力、與及投考誠意等等。所以我建議考生要作出全面的準備，可以在面試前到懲教署官方網站，內有大量關於懲教署的資訊以供考生參考。

若能通過最後面試，懲教署會聯絡應徵者作身體檢查和品格審查，然後進入懲教職員訓練院進行為期23週的入職訓練。

在正式進入學堂之前，大家在這段時間，應該多抽空陪伴家人，因為學堂生活需要留宿，每星期只有一天假期出外，而於放假當天，可能還有其他團體活動，例如參與義務工作等等，實際放假回家的時間並不多。

所以我建議大家必須珍惜與家人相處的時間，然後保持運動和多作休息，因為進入學堂受訓時，需要大量精神及體力，以應付當中訓練。

懲教署學堂生活多姿多彩，其中包括步操訓練，戰術訓練，懲教學，心理學，犯罪學，槍械訓練等等十多項培訓項目；除此之外，還會安排每星期有不同項目的考試，在每天下課後的空餘時間，基本上會用作溫習和整理制服，清潔寢室等等。

懲教署是一支高度紀律的部隊，因此教官非常重視學員的紀律，這會是人生中一段難忘的時光，希望大家能體會和享受當中樂趣，在此，祝各位考生能夠順利通過入職遴選，一起展開懲教事業。

懲教署職員訓練院。

二級懲教助理 - 最後面試 (Final Interview)

自身問題

- 你覺得作為一個「二級懲教助理」，究竟應該要具備甚麼的「質素」？
- 你覺得自己有甚麼的「能力」，可以勝任懲教署「二級懲教助理」這個職位？
- 你覺得自己有甚麼的「特質」，適合成為「二級懲教助理」？
- 點解你會覺得自己適合成為「二級懲教助理」？
- 上次投考「二級懲教助理」失敗的原因，而今次究竟準備了甚麼嚟參加面試？
- 既然你話好有誠意投考「二級懲教助理」？咁你講吓準備咗啲乜嘢？
- 點樣睇到你有投考懲教署成為「二級懲教助理」嘅決心？
- 點樣準備嚟投考「二級懲教助理」？準備咗幾耐？
- 點解你要嚟投考「二級懲教助理」？
- 點解現時才投考「二級懲教助理」？
- 點解你會咁想做「二級懲教助理」？
- 有無投考過其他紀律部隊？
- 點解要申請其他紀律部隊？
- 點解該支紀律部隊唔請你？
- 其他紀律部隊都唔請你，我點解要請你？
- 如果現在有其他紀律部隊決定聘請你，你是否不會再繼續投考「二級懲教助理」呢？
- 點解要投考懲教署嘅「二級懲教助理」，而唔去試吓投考其他紀律部隊，例如:警隊或者消防員？
- 你係大學畢業生，點解唔直接去投考「懲教主任」，而要嚟投考「二級懲教助理」呢？
- 你响大學有乜嘢學到，而且可以應用係「懲教署」裡面？

- 你自己有無想過，將來在「懲教署」會有甚麼的發展空間？
- 你覺得自己成為「二級懲教助理」之後，需要多少年才可以升職？
- 你覺得自己有甚麼的「優點」以及「缺點」呢？
- 講3個「優點」以及3個「缺點」出嚟？
- 講吓有甚麼的「優點」又或者「特別技能」，令我一定要請你？
- 你覺得自己有甚麼「不足之處」，並且有甚麼「改善空間」？
- 點解你响畢業之後，會沒有找工作，期間有做過甚麼事情？
- 點解你响畢業之後，只係返Part Time的工作，而唔去「正正式式」搵一份 Full Time的工作？
- 點解唔做之前份工？
- 點解會失業咗咁耐？
- 點解你做過咁多份工，你好喜歡轉工？
- 失業這6個月，你响屋企做啲乜嘢，點解唔搵份工做？
- 你現時嘅工作，做成點呀？搵幾多錢人工？
- 你從工作之中，學到甚麼？
- 你有無信心能夠承受「二級懲教助理」這份工作所帶嚟的壓力？
- 你有無想過，作為「二級懲教助理」，會預期面對甚麼的困難？
- 你覺得自己現時的工作，究竟同「二級懲教助理」的工作有甚麼的關係？
- 你之前的工作好唔好、是否穩定、每天需要工作幾多小時、月薪有多少？
- 點解做了咁多年的文職，突然之間想要轉嚟做「二級懲教助理」？
- 你係返朝9晚5的文職，你的體力點樣可以應付「二級懲教助理」這份工作呀？
- 你以往的工作經驗都只是文職，同今次投考「二級懲教助理」的職位、工作性質是完全不同，如果真的聘請了你，入到學堂一定會好辛苦，而且更要從低做起，你會點樣面對呀？
- 你响會所做，所面對的人客都係屬於高尚而且有禮貌的人，但是而家响監獄之內，大多數都係紋身同埋講粗口的犯人，你對呢一點有甚麼的睇法？
- 你做兼職救生員，工作的性質同「二級懲教助理」的工作沒有直接之關係喎？　追問點解填G.F.340的時侯，係無填任何的工作？再追問「自我介紹」嘅時侯，曾經話做救生員，同泳客有溝通，從而顯示出自己有溝

通的能力？但係做救生員响泳池當值期間，點樣可以能夠同泳客有溝通呢？如果救生員可以能夠在當值期間經常同泳客有溝通，咁售貨員咪同人客重多溝通？

- 如果考唔到「二級懲教助理」，咁你會再去做甚麼的工作？有乜嘢打算？
- 依家比半分鐘你，説服我要請你，而唔請其他人？
- 點解我要請你，而唔請其他人？
- 簡單介紹吓屋企人？
- 講吓你嘅學歷嚟聽吓？
- 點解要讀毅進，同埋讀毅進學到啲乜嘢？
- 你毅進係讀甚麼的課程？對於投考懲教署有甚麼的幫助？
- 你話毅進畢業並且攞獎學金，如何才可以攞到獎學金？獎學金有幾多錢？你是如何運用獎學金的錢？
- 有無想過繼續去進修？你覺得進修可以有甚麼的作用？
- 你話將來想讀書進修，咁你想讀甚麼的課程？
- 假如你能夠成為一位「二級懲教助理」，你會點樣做好呢份工呢？
- 你年紀咁細(女孩子)，點樣可以勝任「二級懲教助理」呢份工作呢？
- 如果「懲教署」真係請咗你，你覺得會有甚麼事情係應付唔到的呢？
- 你有無做過義工？幾時開始做義工？有甚麼實際的例子？
- 你有無做過制服團隊？從制服團隊之中，學到甚麼的事情？
- 你投考「二級懲教助理」，其實係咪為咗份人工呀？
- 你有無朋友做「懲教署」，佢地有無講過有關於「懲教署」的事情讓你知呢？
- 懲教係咁多支紀律部隊之中，最辛苦嘅一支，你有無咁嘅心理準備呀？
- 其實「二級懲教助理」嘅工作好辛苦，你究竟考慮清楚未呀？
- 如果你成為「二級懲教助理」，但係要返離島，上班實在太遙遠，你會點？
- 你响「自我介紹」時話懲教署係保護香港大眾安全，點解你會咁覺得？咁如何做到呢？
- 你喜愛甚麼的運動？有無參加任何公開比賽？
- 平時有甚麼的嗜好？

懲教署的問題

- 懲教署的「抱負、任務及價值觀」？
- 懲教署的「價值觀」之中嘅「專業精神」是甚麼？
- 你可以點樣發揮「專業精神」這一個「價值觀」呢？
- 你可以點樣睇會「價值觀」裡面嘅「堅毅不屈」呢？
- 懲教署的署長是誰？懲教署的副署長是誰？
- 懲教署4位助理處長是管理甚麼的範疇？
- 懲教署的架構，盡量講出嚟？
- 懲教署有幾多職員？
- 懲教署有幾多間院所？懲教署有幾多種院所類別？
- 懲教署有那些院所是負責收押「男性」的在囚人士？
- 懲教署有那些院所是負責收押「女性」的在囚人士？
- 懲教署有那些院所是負責收押「年輕」的在囚人士？
- 懲教署的「高度設防院所」有邊幾間？
- 懲教署的「中度設防院所」有邊幾間？
- 懲教署的「低度設防院所」有邊幾間？
- 懲教署的「更生中心」有邊幾間？
- 懲教署的「中途宿舍」有邊幾間？
- 懲教署的「羈留病房」有邊幾間？
- 懲教署在「港島區」，有幾多間院所？
- 懲教署在「九龍區」，有幾多間院所？
- 懲教署在「離島區」，有幾多間院所？
- 你屋企最近的懲教署院所，是那一間？
- 大嶼山有那些懲教的院所？
- 男性「高度設防監獄」的位置在那裡？
- 女性「高度設防監獄」的位置在那裡？
- 「二級懲教助理」的職責是甚麼？
- 「二級懲教助理」日常當值的時候，會做甚麼的事情？
- 有無睇過「懲教署」的網頁，如果有，睇過那些內容，盡力講出嚟？

- 有無睇過「懲教署」有份參與的電視節目？
- 「鐵窗邊緣」是否有看過？
- 「鐵窗邊緣」總共有多少集？當中的內容是甚麼？
- 看了「鐵窗邊緣」之後，有甚麼的得著？
- 「談懲說教」是否有看過？
- 「談懲說教」總共有多少集？
- 「談懲說教」的內容是甚麼？
- 看了「談懲說教」之後，有甚麼的得著？
- 「香港懲教署流動應用程式(App)」有甚麼的功能？
- 你有沒有安裝「香港懲教署流動應用程式(App)」？
- 甚麼是「亦懲亦教」？
- 你對於「懲教署」有甚麼的認識？
- 香港法例之中，那些法例是與「懲教署」有關係？
- 香港法例第234章《監獄條例》有甚麼的內容？
- 香港法例第234A章《監獄規則》有甚麼的內容？
- 香港法例第239章《勞教中心條例》有甚麼的內容？
- 香港法例第239A章《勞教中心規例》有甚麼的內容？
- 香港法例第244章《戒毒所條例》有甚麼的內容？
- 香港法例第244A章《戒毒所規例》有甚麼的內容？
- 香港法例第280章《教導所條例》有甚麼的內容？
- 香港法例第280A章《教導所規例》有甚麼的內容？
- 香港法例第567章《更生中心條例》有甚麼的內容？
- 香港法例第567A章《更生中心規例》有甚麼的內容？
- 監獄處改名為「懲教署」，究竟當中有甚麼的意義？
- 你知唔知懲教署有做「更生事務」？甚麼是「更生事務」？
- 你知唔知「更生事務處」是由那職級的首長人員負責管理？
- 助理署長（更生事務）是誰？
- 更生事務處轄下有那些組別？
- 更生事務組1（評估及監管）的工作範疇是甚麼？

- 更生事務組2（福利及輔導及監管）的工作範疇是甚麼？
- 教育組的工作範疇是甚麼？
- 工業及職業訓練組的工作範疇是甚麼？
- 心理服務組的工作範疇是甚麼？
- 你可唔可以比啲建議，令到「更生人士」於離開之後，唔好再犯事？
- 講吓「懲教署」的13種工業種類？
- 你對於「區域應變隊」有甚麼的認識？
- 你對於「工業及職業訓練組」有多少的認識，盡力講出嚟？
- 懲教署有一個部門叫「服務質素科」，試講吓你對此部門的了解？
- 你覺得「懲教署」的工作是否「沉悶」？
- 嘗試列舉一些你熟悉的罪行，而該罪行是會安排在那種類的法庭受審？
- 你覺得懲教署的「保安」、「鎖匙」、「管理」、「自身安全」，究竟那樣是最重要？
- 甚麼是「愛羣」？
- 甚麼是「視像探監」？
- 甚麼是「品格薰陶計劃」？
- 甚麼是「更生先鋒計劃」？
- 甚麼是「懲教內望系列」？有沒有看過「懲教內望系列」？
- 「懲教署」是於何時推出「懲教內望系列」？
- 「懲教內望系列」總共有多少集？「懲教內望系列」的內容是甚麼？
- 「懲教內望系列」有甚麼的專題？
- 甚麼是「隨身攝錄機」？
- 「懲教署」是於何時試行使用「隨身攝錄機」？
- 現時「隨身攝錄機」已於那裡使用？
- 香港懲教博物館10間展覽室的主題分別是甚麼？
- 建立更安全及共融社會的4個主要成功因素是甚麼？
- 今次招聘的主題名稱是甚麼？

   （2016年：主題是「專業 • 進取」）

   （2015年：主題是「同一樣的使命 非一般的任務」）

- 「還押人士」可接受親友探訪，每天是多少次？探訪限時多少分鐘？每次不得超過多少名探訪者？
- 「定罪在囚人士」可接受親友探訪，每天是多少次？探訪限時多少分鐘？每次不得超過多少名探訪者？
- 探訪在囚人士的時間，一般是由上午至下午的那些時間之內？
- 首間「無煙懲教設施」是那間院所？
- 首間「無煙懲教設施」是那一年成立？
- 第二間「無煙懲教設施」是那間院所？
- 第二間「無煙懲教設施」是那一年成立？
- 這兩間「無煙懲教設施」，只收押那類在囚人士？
- 甚麼是「真識食-珍惜食」計劃？
- 在那年推出「真識食-珍惜食」計劃？
- 有那些院所參與「真識食-珍惜食」計劃？
- 有那些院所，響應「惜食香港運動」，簽署了「惜食約章」？
- 甚麼是「聘」出未來？
- 懲教署聯同那些機構合辦「聘」出未來？
- 有關「聘」出未來-更生人士視像招聘會，其目的是為了甚麼？
- 總共有多少間商業機構參加「聘」出未來-更生人士視像招聘會？
- 參與的商業機構，合共提供多少個行業以及合共超過多少個職位空缺？
- 有多少名在囚人士透過「聘」出未來，申請這些職位的空缺？
- 在囚人士有那些刊物？
- 有否看過「彩虹報」、「角聲」、「勵言」及「曉角」，當中有甚麼的內容？
- 在囚人士在從事生產及工作過程中，會替「公營機構」，提供那些產品？
- 在囚人士在從事生產及工作過程中，會替「醫院管理局」、「衛生署」、「消防處」，提供那些服務？
- 在囚人士在從事生產及工作過程中，會替「公共圖書館」，提供那些服務？
- 在囚人士在從事生產及工作過程中，會替「政府部門」，提供那些產品及服務？

- 每天平均有多少名在囚人士從事生產工作？
- 巡獄太平紳士有多少人？
- 巡獄太平紳士會每隔多久共同巡視每所懲教院所？
- 巡獄太平紳士有甚麼的任務？
- 懲教署於2015/16年度，獲得香港社會服務聯會頒發甚麼的「標誌」，以表揚持續全力關懷懲教署內人員和家人，以至社會各階層？
- 甚麼是「和諧十七號」？
- 有那些政府部門參與「和諧十七號」的演習行動？
- 有多少人員共同參與「和諧十七號」的演習行動？
- 在「和諧十七號」的演習行動裡，會預演將會出現那些「情況」？
- 懲教署派出了那些部門的人員，參與「和諧十七號」的演習？
- 代號名為「和諧十七號」的演習，是由懲教署那位助理署長在赤柱的中央控制中心指揮整個行動？
- 代號名為「和諧十七號」的演習地點，是在那懲教院所內進行？
- 以「懲心共聚、關愛香港」為主題的是甚麼項目？
- 由於監獄人滿之患問題十分嚴重，你有甚麼「短期」及「長期」的措施，可以幫助解此問題？
- 香港的監獄一直有人滿之患，而澳門則有法例列明，只要犯人被判不超過半年的監禁，法官是可以按「判囚日數計算罰金」，從而代替監禁，即是「以錢代監」，你對於用此種方法解決「人滿之患」有甚麼的意見？
- 每當在囚人士進入懲教院所之前，均必須經過「直腸檢查」 又被俗稱為「通櫃」的步驟，以防有人利用身體偷運毒品或違禁物品。而懲教署引入全港首部「X光身體掃描器」並且取代用人手進行的「直腸檢查」，因為初步成效理想，此計劃將會推展至那些懲教院所？

時事問題
- 今日有無睇報紙？今日報紙頭條是甚麼？
- 今日報紙有甚麼特別的新聞？
- 最近有甚麼新聞是有關於懲教署的？

- 最近有甚麼新聞是有關於民生問題？
- 講一則最近期，而且亦係你最留意的一宗新聞？
- 政府的3司13局之名稱？
- 創新及科技局於何時成立？創新及科技局局長是誰人？
- 2017年特首選舉，有那些候選人？
- 特首選舉將近，你有甚麼的意見？
- 上一任終審法院首席法官是誰？
- 現任終審法院首席法官是誰？
- 天文台台長是誰？
- 保安局局長是誰？
- 如何處理香港垃圾堆填區飽和的問題？
- 如何處理香港青少年罪行上升的問題？
- 你對於政府派6000元，有甚麼睇法？
- 你對於「司法制度」有甚麼的認識，盡力講出嚟？
- 現時司機濫藥情況嚴重，因此造成難以估計的交通意外，可以有乜嘢方法阻止？
- 有否看過關於英國的監獄發生囚犯騷亂事件的新聞，知否騷亂的起因是甚麼？
- 是否贊成懲教署與英、美等國家一樣，將部份的監獄管理外判予私人公司或保安公司負責管理？

處境問題
- 你覺得可以點樣減少犯人攜帶毒品進入監獄呢？
- 你覺得可以點樣打擊犯人的非法賭博活動？
- 假如有犯人屈你，向你作出投訴，你會點做？
- 假如有犯人不斷向你講粗口，你會點做？
- 假如有犯人在飯堂打尖，你會點做？
- 假如你比犯人挑釁，你會點做？假如有犯人唔聽話，你會點做？
- 假如有犯人唔肯工作，你會點做？

- 假如你知道你的上司欠債，你會點做？
- 假如上司有不合理的要求，你會點做？
- 假如你上司要你做違法的事情，你會點做？
- 假如你要帶個犯人去廁所，但之後個犯人失蹤，你會點做？
- 假如你在天氣炎熱的中午，要帶一班犯人步操，你會有何準備？
- 假如你需要搜一個犯人個身，而無任何支援，但佢唔比你搜，你會點做？
- 你係大學生，而同事以及犯人的學歷可能都比你低，如果佢地對住你講粗口，你會點做？
- 假如將來請咗你，並且正式成為懲教署職員之後，在宿舍休息的時侯，你覺得你會做甚麼呢？
- 如果你受訓期間，要搭直升機去一個地方降落，但係當時直升機降落唔到，你會點做？
- 假設你與另一位「二級懲教助理」一同看管100名犯人，突然之間有10個犯人準備打鬥，你會點做？
- 假如你在院所工作期間，有在囚人士集體毆鬥，你會使用甚麼方法或者裝備去平息打鬥，而於制止事件之後，你又會如何跟進此宗事件？
- 假設現在有30個犯人，如果你需要作一個廣播，所以要求犯人靜一靜聽你講，但是沒有犯人肯聽你講，你會點做？
- 假設你負責看管一個30人的監倉，但當中年齡層的分佈是由30-60歲，而且其中有1個犯人已經是59歲，你會點樣負責看管這個監倉呢？
- 假如有一天，你放工後去茶餐廳用膳，你認得個服務員原來是曾經係被你監管過的犯人，你會點樣做？而你之後是否還會再去這間茶餐廳？
- 你覺得懲教署值唔值得，繼續投放資源係一的經常重複再犯罪的犯人身上面呢？
- 假如係街上有2個路人打交，你會點做？
- 當你在監獄當值期間，發覺有兩批分別是本港及南亞裔的囚犯企圖集體打鬥，你會如何處理？
- 假如你已經獲聘為「二級懲教助理」，於學堂畢業後派駐赤柱監獄，你如何遏止在囚人士「非法賭博」的活動？

英文問題

- 甚麼是紀律？
- 甚麼是領導材？
- 點解我要請你？
- 介紹吓屋企人？
- 介紹自己嘅學歷？介紹自己的興趣？
- 在工餘時間會做甚麼？
- 你鍾意乜嘢運動，點解？
- 你响溝通上，有乜嘢優點？
- 你覺得可以點樣防止罪案發生？
- 你覺得香港露營的地方是否足夠？
- 你從甚麼途徑找到懲教署呢份工？
- 你係點樣乘坐交通工具從家中到這裡？
- 你可以用乜嘢方法，去同啲犯人溝通？
- 如果啲犯人唔聽你講，你又會點做呢？
- 如果要你去學外語，你會學那一種語言？
- Outstanding同Standing Out有乜嘢分別？
- 你讀那一間中學，以及你最鍾意讀乜嘢科目？
- 你今朝食咗乜嘢早餐，同埋你最喜愛乜嘢食物？

其他問題

- 你點睇紀律部隊這類工作？
- 在你眼中，紀律部隊係點？
- 你現在坐的椅子是甚麼顏色？
- 問現在呢間面試室係由幾多塊磚鋪出嚟？（於是即時照數比考官，相信是考反應？）
- 你有無朋友做紀律部隊，你係佢身上睇到甚麼又或者學到甚麼？
- 香港有幾多支紀律部隊，你最想做那一支紀律部隊？你會點樣排先後次序呢？

類比推理

類比推理主要是測試考生有關推理的能力，具體而言是對詞語內在關係的分析能力。當中可分為集合概念類、邏輯關係類、同時附帶考察一些常識知識。

題目是會展示一組有某種相關的詞，然後在選項中找出一組與之在邏輯關係上最為貼近或近似的詞。

按照題型的不同，類比推理題可分為如下類型：

1) 兩詞型，其基本形式為：A：B (A、B為兩個存在某種關係的詞語)

2) 三詞型，其基本形式為：A：B：C (A、B、C為三個存在某種關係的詞語)

3) 四詞形，其基本形式為：(　　)對於A相當於(　　)對於B (A、B是沒有關係的兩個詞語)

按照題目考核內容不同，大體可以分為如下類型：

1) 因果關係：哲學上把因果關係定義為"引起"和"被引起"的關係，現實中常用"因為……，所以……"來表示。

2) 並列關係：並列關係通常為同一類屬下相互並列的概念，同時包括了對比關係、相鄰關係等。

3) 對立關係：即矛盾關係，是指兩個詞在意義和立場上完全相反和對立的關係。

4) 屬種與種屬關係：我們會將外延較大的概念稱為屬概念，外延較小的概念稱為種概念。

   屬種關係 - 是指外延較大的屬概念對於外延較小的種概念的關係(即真包含關係)，例如："動物"與"脊椎動物"，"勞動者"與"農民"。

   種屬關係－是指外延較小的種概念對於外延較大的屬概念的關係(即真包含於關係)，例如："哺乳動物"與"脊椎動物"，在這一對關係中，由於所有的哺乳動物都是脊椎動物，但脊椎動物不一定都是哺乳動物，這樣，"哺乳動物"與"脊椎動物"的關係就是真包含於關係。

5) 質同關係：是指兩個詞在本質屬性和根本立場上完全相同的關係。

6) 人與物的對應關係：與特定或相關人有關的物的一種一一對應的關係。這裡的"物"包括：作品、學說、典故、身份、行為、環境、事件等。

7) 整體與部分的關係：是指事物的整體及其組成部分的關係。

8) 事物與其作用物件的關係；在事物之間也存在作用與反作用的關係，一個事物作用於另一個事物，被作用的事物就稱為作用物件。

9) 描述關係：指一個詞是對另外一個詞的形態、顏色、特徵、性質等的說明或描述。

【範例題1】

未婚：無權

(A) 國家：不丹　　(B) 非法：無理　　(C) 無錫：非黨員 (D) 不倒翁：不健康

【答案】(B)

【解釋】這是一道兩詞型題目，題幹的兩個概念在邏輯上是全異關係。選項中(C)和(D)也是全異關係。所以此題有另外考點，那就是邏輯學中的負概念。題幹中未婚和無權均屬負概念。

分析選項 (A)：國家和不丹是包含關係，不丹不是負概念；選項(C)：無錫不是負概念；選項(D)：不倒翁不是負概念。選項(B)：非法和無理均為負概念，因此(B)為正確選項。

【知識延伸】負概念一般帶有否定詞，例如："不"、"非"、"無"、"未"、"沒"等，但有些概念含有否定詞但並不是負概念，如"無錫"、"不丹"、"無線電"等。

而辨別含有否定詞概念，並且是否是負概念的方法有三種：

1、把否定詞去掉，看能否形成概念。若不能形成概念，那麼這種含有否定詞的概念就不是負概念。比如說不丹，把不字去掉以後丹不能獨立形成概念。

2、把否定詞去掉，形成的概念和原概念間若形成矛盾關係，則該含有否定詞的概念是負概念。

3、正負概念的區別通常是揭示物件具有還是不具有某種屬性。例如："輸"和"沒輸"中輸是正概念，沒輸是負概念。

【範例題2】

超聲波：機械波

(A) 極限：常數　　(B) 輪船：船　　　(C) 一次方程式：線形方程　　　(D) 斡旋：調解

【答案】(B)

【解釋】題目之中兩個詞語之間是屬種關係。而超聲波是機械波的一種，輪船是船的一種，故正確答案應該選擇(B)。

【範例題3】

位置：高度

(A) 臥室：廚房　　(B) 室內：牆壁　　(C) 蘇打：漂白　　(D) 網球：排球

【答案】(B)

【解釋】高度是表示位置的一個量。一般位置要定位的話，需要長寬高都有規定。以此規律答案選擇(B)。因為(A)和(D)是反對關係，不符合題幹詞語關係，而(C)項漂白是蘇打的屬性，也不符合題幹詞語關係。故正確答案應選擇 (B)。

【範例題4】

毛筆：硯臺(　)

(A) 文具：鉛筆　　(B) 菜肴：白菜　　(C) 飛機：天空　　(D) 香瓜：西瓜

【答案】(D)

【解釋】毛筆和硯臺是同樣屬於書寫工具，而香瓜和西瓜同樣屬於瓜類。因此，正確答案應為(D)。此題解拆的關鍵點在於並列關係。屬於簡單題型，不存在二級辨析。

【範例題5】

火堆：寒冷(　)

(A) 日記：隱私　　(B) 網路：代溝　　(C) 鍵盤：手寫　　(D) 湖泊：乾涸

【答案】(C)

【解釋】火堆是用來驅走寒冷，鍵盤是用來取代手寫。此題測試考生的是概念的功能，考生需要具備對概念外延的把握。

【範例題6】

畫聖：吳道子

(A) 酒聖：杜康　　(B) 茶聖：陸遊　　(C) 武聖：張飛　　(D) 醫聖：華佗

【答案】(A)

【解釋】此題測試考生有關概念間的關係和歷史常識。畫聖和吳道子在概念上是全同關係，畫聖就是吳道子，吳道子就是畫聖。正確的關係是，選項(A)酒聖是杜康；選項(B)茶聖是陸羽；選項(C)武聖是關羽；選項(D)醫聖是張仲景。

【範例題7】

水星：金星：行星

(A) 公司：管理：管理者　　　　(B) 縣：省：國家

(C) 水桶：實驗：科學　　　　　(D) 楊振寧：張衡：科學家

【答案】(D)

【解釋】此題測試考生有關概念間的關係。水星和金星是並列關係，同時水星和金星都屬於行星，與行星成包含關係。

分析選項(A)公司與管理、管理者均呈交叉關係；選項(B)縣、省、國家是包含關係；選項(C)水桶和實驗是交叉關係，實驗和科學是包含關係；選項(D)楊振寧和張衡是並列關係，兩者均是科學家，與科學家是包含關係。所以此題應該選擇(D)。

【注意】三詞型類比推理題如果選項與題幹概念間的關係相同，但概念的順序不同，也不能選。

類比推理模擬測試──練習（一）

模擬測試題(1) 房子：窗戶

(A) 皮鞋：襪子　　(B) 廚房：浴室　　(C) 動物：獅子　　(D) 汽車：輪胎

模擬測試題(2) 枕頭：臥具

(A) 毛筆：工具　　(B) 月亮：宇宙　　(C) 宣紙：文具　　(D) 車廂：地鐵

模擬測試題(3) 白天：黑夜

(A) 男人：女人　　(B) 高山：湖泊　　(C) 白色：深色　　(D) 老人：孩子

模擬測試題(4) 校長：老師

(A) 警察：壞人　　(B) 經理：職員　　(C) 老師：同學　　(D) 醫生：護士

模擬測試題(5) 播種：收穫

(A) 撒網：捕魚　　(B) 貧窮：肚餓　　(C) 春天：夏天　　(D) 生病：留醫

模擬測試題(6) 輪船：大海

(A) 汽車：馬路　　(B) 橋樑：山谷　　(C) 飛機：機場　　(D) 火車：鐵路

模擬測試題(7) 大海：海水

(A) 空氣：氫氣　　(B) 河流：河水　　(C) 歌曲：音樂　　(D) 土地：農村

模擬測試題(8) 電腦：電腦

(A) 專家：教鍊　　(B) 博士：教授　　(C) 老鼠：耗子　　(D) 高興：開心

模擬測試題(9) 蜜蜂：蜂蜜

(A) 蝴蝶：繭蛹　　(B) 母雞：雞蛋　　(C) 父親：孩子　　(D) 農民：糧食

模擬測試題(10) 布匹：衣服

(A) 窗戶：鋁窗　　(B) 磅稱：重量　　(C) 木材：椅子　　(D) 音樂家：歌曲

1. 【答案】(D) 解釋：窗戶是房子的組成部分，輪胎是汽車的組成部分。
2. 【答案】(C) 解釋：枕頭是臥具，宣紙是文具。
3. 【答案】(A) 解釋：前後互為，絕對反義詞。
4. 【答案】(B) 解釋：校長管理老師，經理管理職員。
5. 【答案】(A) 解釋：播下種子就有收穫的希望，撒下網就有捕到魚的希望。
6. 【答案】(D) 解釋：輪船隻在大海航行，火車只會在鐵路上行駛。
7. 【答案】(B) 解釋：大海是由海水組成，河流是由河水組成。
8. 【答案】(C) 解釋：電腦是電腦的俗稱，耗子是老鼠的俗稱。
9. 【答案】(D) 解釋：後者既是前者的生產品，也是前者的消費品。
10.【答案】(D) 解釋：前者是後者的原材料。布匹制衣服，木材做桌子。

類比推理模擬測試──練習（二）

模擬測試題(1) 照片：回憶

(A) 檔案：事實　　　(B) 小說：虛構　　　(C) 音樂：旋律　　　(D) 互聯網：交流

模擬測試題(2) 眉毛：眼睛

(A) 鬍鬚：嘴巴　　　(B) 鼻孔：鼻子　　　(C) 耳垂：耳朵　　　(D) 頭髮：腦袋

模擬測試題(3) 棒球：投手

(A) 籃球：得分手　(B) 拳擊：對手　　(C) 足球：射手　　(D) 橄欖球：四分衛

模擬測試題(4) 知識份子：農村

(A) 教師：學校　　　(B) 白領：辦公室　(C) 農民工：城市　(D) 廚師：餐館

模擬測試題(5) 氏族：部落

(A) 氯化氫：鹽酸　　　　　　　　　(B) 短篇小說：小說

(C) 市場經濟：商品經濟　　　　　　(D) 導彈：直升機

模擬測試題(6) 菡萏：荷花

(A) 土豆：馬鈴薯　(B) 番茄：番茄　　(C) 香瓜：甜瓜　　(D) 蚍蜉：大螞蟻

模擬測試題(7) 麵條：食物

(A) 蘋果：水果　　(B) 腳趾：身體　　(C) 蔬菜：蘿蔔　　(D) 食品：朱古力

模擬測試題(8) 瓷器：黏土

(A) 空氣：氧氣　　　(B) 桌子：木頭　　　(C) 水杯：玻璃　　　(D) 布：棉花

模擬測試題(9) 剪刀：布料

(A) 弓箭：戰爭　　　(B) 水缸：盛水　　　(C) 秤砣：釘子　　　(D) 鸕鷀：魚

1.【答案】：(D)

【解釋】：照片可以勾起人們的回憶，前者是事物，而後者是行為；檔案反映事實，兩者都是事物，因此排除(A)；小說是虛構的，前者是事物，而後者是方式，因此排除(B)；音樂中有旋律，兩者都是現實存在之物，因此排除(C)；互聯網可以讓人們交流，前者是事物，而後者是行為。所以此題應該選擇答案(D)。

2.【答案】：(D)

【解釋】：眉毛的下面是眼睛，而頭髮的下面是腦袋，所以此題應該選擇(D)。因為鬍鬚不一定是長在嘴巴上方的，也可能長在嘴巴下方，所以排除答案A、B、C與題形不符合，就應選擇答案(D)。

3.【答案】：(D)

【解釋】：投手是棒球比賽中的職業稱謂，並且棒球是一項團體與團體間的比賽；四分衛是欖球比賽中的特有稱謂，而且欖球也是一項團體與團體間的比賽，所以此題應該選擇(D)。因為得分手、對手、射手都不是比賽中運動員職能的特有稱謂，所以排除答案A、B、C後，就應選擇答案(D)。

4.【答案】：(C)

【解釋】：知識份子下放的地方是農村，農村不是一個特定的場所，而是一個體制性的概念；民工打工的地方是城市，城市是與農村相對立的概念，也是一種體制形態的存在物，所以本題應該選擇答案(C)。

5.【答案】(A)

【解釋】氏族是部落的構成要素，氯化氫是鹽酸的主要成分，兩者規律接近；而(B)項中短篇小說是小說的一類，但並不是小說的構成要素；而(C)項市場經濟與商品經濟是不同範疇的概念，市場經濟是相對於計劃經濟來説的，是一種經濟手段，商品經濟則是相對於自然經濟來説的，是一種經濟形態；而(D)項導彈並不是直升機的構成要素。所以本題應該選擇答案(A)。

6.【答案】(D)

【解釋】題目之中兩個詞語是同一事物的兩個稱謂，"菡萏"就是荷花在文言文中常用的名稱，"蚍蜉"就即是大螞蟻，在文言文中常用的名稱；而其他選項都不是。所以本題應該選擇答案(D)。

7.【答案】(A)

【解釋】題目之中兩個詞是種屬關係，只有答案(A)符合條件；答案(B)是部分與整體關係；答案(C)及(D)均是屬種關係。所以本題應該選擇答案(A)。

8.【答案】(D)

【解釋】黏土是瓷器的原材料，而且成為製成品之後，是不能夠再看出原來的物理性質。木頭、玻璃分別是桌子、水杯的原料，但成為製成品之後，是可以看出原料；至於氧氣並不是空氣的材料，而是組成部分。因此只有答案(D)能夠符合條件。所以本題應該選擇答案(D)。

9.【答案】(C)

【解釋】剪刀與布料之間是工具與作用物件之間的關係，而且彼此是對方的充分不必要條件，即剪刀可以用來加工布料，布料可以用剪刀來加工，符合這種關係的只有答案(C)。答案(A)戰爭是弓箭的使用環境，答案(B)盛水是水缸的作用，答案(D)鸕鷀(其中一種可以飼養作為捕魚的鳥類)與魚之間雖然可以構成充分不必要條件，但鸕鷀並不單純只是一種工具。所以本題應該選擇答案(C)。

類比推理模擬測試──練習（三）

模擬測試題(1) 心臟：脈搏

(A) 失戀：自殺　　　(B) 颱風：洪水　　　(C) 貧窮：內戰　　　(D) 空氣：風

模擬測試題(2) 病毒：死機

(A) 低保：失業　　　(B) 故障：意外　　　(C) 感冒：咳嗽　　　(D) 嘔吐：暈船浪

模擬測試題(3) 鏡子：萬花筒

(A) 放大鏡：顯微鏡　　　　　　　(B) 哈哈鏡：平面鏡

(C) 凸透鏡：望遠鏡　　　　　　　(D) 反射鏡：後視鏡

模擬測試題(4) 蝌蚪：青蛙

(A) 嬰孩：成人　　　(B) 蛹：飛蛾　　　(C) 雛雞：公雞　　　(D) 幼苗：植物

模擬測試題(5) 聖經：伊甸園

(A) 日記：微博　　　(B) 大學：金字塔　　(C) 聊齋：神仙　　　(D) 彼得潘：永遠島

答案：

1.【答案】：(D)

【解釋】：心臟的跳動會產生脈搏，脈搏的成因只能是心臟的跳動；空氣的流動形成風，風的成因也只能是空氣的流動；所以本題應該選擇答案(D)；自殺的原因不僅只是失戀，因此可以排除答案(A)；同樣根據此理念，亦可以排除答案(B)。

2. 【答案】：(B)

【解釋】：病毒是電腦死機的原因之一，而故障是意外的原因之一，所以本題應該選擇答案(B)。而基於於(A)、(C)、(D)都不符合這種關係，所以予以排除。(註:低保即是國內居民最低生活保障的簡稱。)

3. 【答案】：(C)

【解釋】：萬花筒是由鏡子所組成的，而望遠鏡則是由凸透鏡所組成的，所以本題應該選擇答案(C)。而基於於(A)、(B)、(D)都不符合這種關係，所以予以排除。

4. 【答案】：(B)

【解釋】：蝌蚪是青蛙的幼年狀態，而幼年之形態與成年時的青蛙大相徑庭；蛹也是蝴蝶的幼年狀態，其幼年之形態亦與成年蝴蝶差異很大，所以本題應該選擇答案(B)。而基於於(A)、(C)、(D)都不符合這種關係，所以予以排除。

5. 【答案】：(D)

【解釋】：伊甸園取自於聖經，永遠島來自《彼得潘》，而兩者之間都是「典故」與「出處」的關係，所以本題應該選擇答案(D)。而基於於(A)、(B)、(C)都不符合這種關係，所以予以排除。

類比推理模擬測試── 練習（四）

模擬測試題(1) 危險：害怕
(A) 失敗：沮喪　　(B) 紅色：興奮　　(C) 挑戰：迎接　　(D) 成功：慶祝

模擬測試題(2) 青蛙：莊稼
(A) 律師：被告　　(B) 樹木：城市　　(C) 合同：買方　　(D) 空氣：健康

模擬測試題(3) 藍天：飛行員：戰鬥機
(A) 草原：牧民：牛羊　　　　　　(B) 刺繡：繡女：繡花針
(C) 森林：伐木工：電鋸　　　　　(D) 大海：水兵：軍艦

模擬測試題(4) 電波：基站：信息
(A) 屏幕：觀眾：感動　　　　　　(B) 天線：衛星：影像
(C) 音樂：民族：文化　　　　　　(D) 貨輪：港口：物資

模擬測試題(5) 山路：索道
(A) 客輪：漁船　　(B) 汽車：卡車　　(C) 樓梯：電梯　　(D) 碗：盤子

模擬測試題(6) 興高采烈：垂頭喪氣
(A) 妻子：丈夫　　　　　　　　　(B) 科學研究：旁門左道
(C) 錦上添花：雪中送炭　　　　　(D) 贊成：反對

模擬測試題(7) 美國：可口可樂
(A) 中國：陶瓷　　(B) 澳洲：袋鼠　　(C) 日本：壽司　　(D) 伊朗：石油

模擬測試題(8) 紙張：書籍：裝幀

(A) 圖紙：設計：策劃   (B) 碳：煤：燃燒

(C) 布料：服裝：熨燙   (D) 頭髮：理髮：美容

模擬測試題(9) 九華山：安徽

(A) 泰山：河北   (B) 三清山：江西

(C) 衡山：陝西   (D) 雁蕩山：湖南

模擬測試題(10) （ ） 對於 愚笨 相當於 強壯 對於 （ ）

(A) 傻子──青年   (B) 智商──運動

(C) 聰明──瘦弱   (D) 機靈──靈活

1.【答案】(A)

解釋：因為危險所以害怕，因為失敗所以沮喪，害怕和沮喪都是人的情感。

2.【答案】(B)

解釋：第一步：判斷題幹詞語間邏輯關係

題幹兩詞是對應關係，且是事物及其作用對象之間的或然關係。

第二步：判斷選項詞語間邏輯關係

題幹中有青蛙，莊稼會更好，沒有青蛙，莊稼不一定不好；(B)項中樹木和城市也是或然關係；(D)選項空氣對健康時是必然關係，有優質空氣，更健康，沒有優質空氣，肯定不健康；(A)是人物之間的並列關係，(C)選項是事物的包容關係，「合同」中包容了「買方」和「賣方」。故正確答案為(B)。

3.【答案】(D)

解釋：第一步：判斷題幹詞語間第一重邏輯關係，並在選項中進行選擇

題幹詞語之間屬於對應關係，飛行員在藍天上駕駛戰鬥機，(A)、(D)項均符合此邏輯。

第二步：再判斷題幹詞語間第二重邏輯關係，並在選項中進行選擇

題幹描述的是軍事領域，與此邏輯相符的是(D)項。故正確答案為(D)。

4.【答案】(D)

解釋：電波在基站之間傳遞信息，貨輪在港口之間運送（傳遞）物資，故選(D)。

5.【答案】(C)

解釋：第一步：判斷題幹詞語間邏輯關係

題幹兩詞是對應關係，山路和索道的作用是相同的，都是為了上下山。

第二步：判斷選項詞語間邏輯關係

與題幹相同邏輯關係的即為(C)。

(A)、(B)、(C)中兩者的作用都是不一樣的，故正確答案為(C)。

6.【答案】(D)

解釋：第一步：判斷詞語之間邏輯關係

題幹兩詞是全同關係，且是一對反義詞。

第二步：判斷選項詞語之間邏輯關係

在四個選項中只有贊成和反對是一對反義詞。(A)項屬於並列關係。(B)項旁門左道指非正統的學術流派或宗教派別，科學研究指科研手段和裝備探索、認識未知事物，兩者不是反義詞。(C)項屬於近義詞，組成關係與題幹邏輯不一致。因此正確答案為(D)。

7.【答案】(C)

解釋：第一步：判斷題幹詞語間邏輯關係

可口可樂起源於美國，是美國的特色食品。題幹兩詞間構成國家與特色食品之間的對應關係。

第二步：判斷選項詞語間邏輯關係

(C)項中壽司是日本人的特色食品，符合題幹邏輯。(A)、(B)、(D)三項中第二個詞均不是食品。故正確答案選(C)。

8.【答案】(C)
解釋：紙張組成書籍，而書籍要經過裝幀才能成冊。布料制成服裝，服裝經過熨燙才能平整。

9.【答案】(B)
解釋：第一步：判斷題幹詞語間邏輯關係
題幹中是對應關係，九華山在安徽省境內，通過地點實現對應。
第二步：判斷選項詞語間邏輯關係
(B)項三清山在江西境內，能實現地點的對應，符合題幹邏輯。
(A)項泰山在山東省境內；(C)項衡山在湖南省境內；(D)項雁蕩山在浙江省境內，均不能實現地點的對應。故正確答案為(B)。

10.【答案】(C)
解釋：第一步：將選項逐一代入，判斷各選項前後部分的邏輯關係
(A)中兩詞為屬性關係，但前後兩組的兩詞順序不一致。
(B)中智商和愚笨不構成邏輯關係。
(C)中兩詞均為全同關係中的反義詞關係。
(D)中前一組為反義詞關係，後一組不是反義詞。
第二步：邏輯關係相同即為答案
由以上分析可知正確答案為(C)。

類比推理模擬測試——練習（五）

模擬測試題(1) 文具：鋼筆

(A) 化學：化工　　(B) 大學：學院　　(C) 西瓜：水果　　(D) 字體：仿宋

模擬測試題(2) （　）對於 毀譽 相當於 贊賞 對於（　）

(A) 得失 獎勵　　　(B) 功過 教訓　　　(C) 褒貶 稱道　　　(D) 成敗 詆毀

模擬測試題(3) 神采奕奕：悶悶不樂（　）

(A) 眉清目秀：面黃肌瘦　　(B) 眉飛色舞：垂頭喪氣

(C) 白髮蒼蒼：眉目如畫　　(D) 悠然自得：勃然大怒

模擬測試題(4) （　）對於思索相當於奔跑對於（　）

(A) 學習——運動 (B) 思考——奔走 (C) 考慮——走路 (D) 動腦——鍛煉

模擬測試題(5) （　）對於大腦相當於資料對於（　）

(A) 智力：書籍　　(B) 記憶：硬盤　　(C) 細胞：圖書館 (D) 學習：閱讀

模擬測試題(6) 船：船槳

(A) 果樹：果實　　(B) 奶牛：牛奶　　(C) 鎖：鑰匙　　　(D) 存款：利息

模擬測試題(7) 審判：旁聽

(A) 搶險救災：善後處理　　(B) 演出：觀眾

(C) 宏觀調控：財政政策　　(D) 開會：學習

模擬測試題(8) 男人：女人

(A) 黑：白　　　(B) 左：右　　　(C) 高：矮　　　(D) 生：死

模擬測試題(9) 計算機：電腦

(A) 專家：學者　　(B) 博士：研究生 (C) 老鼠：耗子　(D) 高興：快樂

1.【答案】(D)
解釋: 鋼筆是文具的一種，仿宋是字體的一種。故正確答案為(D)。

2.【答案】(C)
解釋：第一步：將選項逐一帶入，判斷各選項前後部分的邏輯關係
A. 中前面部分是無明顯邏輯關係，後面部分是全同關係中的近義詞；
B. 中前面部分是對應關係，後面部分是無明顯邏輯關係；
C. 中前面部分是全同關係中的近義詞，後面部分是全同關係中的近義詞；
D. 中前面部分是無明顯邏輯關係，後面部分是全同關係中的反義詞。
第二步：邏輯關係相同即為答案
根據第一步可知，邏輯關係完全相同的是(C)，故正確答案為(C)。

3.【答案】(B)
解釋：題目中神采奕奕和悶悶不樂是人的兩種截然不同的外在表現形式，在詞
語語義上呈現了一組反義詞關係；B選項的眉飛色舞和出頭喪氣也是人在表達
自身情感時刻的外在狀態，符合題意中的反義詞。所以，這題的選項是(B)。

4.【答案】(B)
解釋：第一步：將選項逐一代入，判斷各選項前後部分的邏輯關係
(A)中後一組詞為種屬關係，前一組詞不構成種屬關係。(B)中兩組詞均為全同
關係中的近義詞關係。(C)中前一組為全同關係，後一組為並列關係。(D)中前
一組為全同關係，後一組為交叉關係。

第二步：邏輯關係相同即為答案

由以上分析可知正確答案為(B)。

5.【答案】(B)

解釋：第一步：將選項逐一代入，判斷前後兩部分的邏輯關係

(A)項中智力是是抽象的，大腦是智力的載體，而資料和書籍是包容關係，書籍是一種資料，前後邏輯關係不一致；

(B)項大腦可以存儲記憶，而硬盤可以存儲資料，兩者均是對應關係，後者是前者的存儲載體。

(C)項前者是包容關係，大腦由腦細胞構成，而圖書館除了資料外還有其他共同構成，(C)項邏輯關係不如(B)項明顯。(D)項通過大腦來學習，而資料和閱讀構成動賓結構，前後邏輯關係不一致。

第二步：邏輯關係相同即為答案

由以上分析可知，(B)項前後邏輯關係一致。故正確答案為(B)。

6.【答案】(C)

解釋：第一步：判斷題幹詞語間邏輯關係

題幹兩詞是對應關係，且是作用對像與工具的對應關係，兩者配套使用，脫離任一方都會失去原有的意義。

第二步：判斷選項詞語間邏輯關係

與題幹相同邏輯關係的即為(C)。(A)、(B)、(D)選項後者都是前者的產物，脫離了一方，剩下一方仍能保有原來的意義。故正確答案為(C)。

7.【答案】(D)

解釋：本題考查對應關係，審判時可能有人來旁聽，兩者屬於可能關係，且詞性上，兩者都是動詞；

(D)選項開會時可能有人來學習，也是可能關係，且詞性上，兩者都是動詞；

(A)選項搶險救災和善後處理詞性一致，都是動詞，但兩者是順成關係；

(B)選項演出和觀眾詞性不同，演出是動詞，觀眾是名詞；

(C)選項宏觀調控和財政政策是種屬關係，宏觀調控既可以是名詞，也可以是動詞，財政政策是名詞。因此，本題答案為(D)。

8.【答案】(D)

解釋：第一步：判斷詞語之間邏輯關係

題幹兩詞語存在並列關係，且是並列關係中矛盾關係。男人與女人之外，不存在第三種情況。

第二步：判斷選項之間的邏輯關係

(A)、(B)、(C)項都是反對關係。「黑白」之外尚有紅、藍等顏色。「左右」之外尚有上下方位。「高矮」之外尚有不高不矮一類人。(D)項符合矛盾關係，生與死之外不存在第三種情況。故正確答案為(D)。

9.【答案】(C)

解釋：第一步：判斷題幹詞語間邏輯關係

題幹兩詞是同義詞，且是俗稱和專業名稱之間的同義詞。

第二步：判斷選項詞語間邏輯關係

與題幹相同邏輯關係的即為(C)。

(A)、(B)不是同義詞，(D)是近義詞，故正確答案為(C)。

類比推理模擬測試──練習(六)

模擬測試題(1) 高山：陸地

(A) 波浪：海洋　　(B) 暴雨：雷電　　(C) 白雲：藍天　　(D) 電能：電網

模擬測試題(2) 生命：生物

(A) 綠色：植物　　(B) 思維：人類　　(C) 收獲：秋季　　(D) 節氣：曆法

模擬測試題(3) 作家：出版社

(A) 演員：制片廠　　　　　　　(B) 警察：派出所

(C) 球員：運動場　　　　　　　(D) 醫生：手術台

模擬測試題(4) 帽子：衣服

(A) 鼠標：屏幕　　　　　　　　(B) 板凳：桌子

(C) 自行車：汽車　　　　　　　(D) 機器：廠房

模擬測試題(5) 手術刀：外科醫生

(A) 漁網：漁民　　　　　　　　(B) 講台：教師

(C) 打火機：抽煙者　　　　　　(D) 望遠鏡：科學家

1.【答案】(A)

解釋：高山是陸地的一部分，波浪是海洋的一部分。因此，本題答案為(A)選項。

(B)中「暴雨」和「雷電「是並列的天氣現象，(C)和(D)是對應關係，後者是依靠前者運行。

2.【答案】(B)

解釋：考察事物的必然屬性。題幹中生命屬於生物的一種特有屬性，唯一對應關係，生物一定有生命。選項(B)中，人類一定有思維，同樣具有唯一對應關係。所以答案選擇(B)。(A)植物不一定是綠色，(C)秋季也不一定收獲，(D)中節氣與歷法沒有直接關係，歷法是用年、月、日等時間單位計算時間的方法。

3.【答案】(A)

解釋：作家與出版社無隸屬關係，作家寫書，出版社出書；(A)演員演電影，制片廠後期制作，所以答案選(A)。

4.【答案】(B)

解釋：帽子和衣服均屬於服裝，且原材料可以相同；板凳和桌子均屬於家具，且原材料可以相同。所以答案選(B)。

5.【答案】(A)

解釋：第一步：判斷題幹詞語間邏輯關係

題幹中「手術刀」和「外科醫生」是工具和職業的一一對應關係。

第二步：判斷選項詞語間邏輯關係

(A)中「漁網」和「漁民」也是工具和職業的一一對應關係，所以(A)正確；

(B)中「講台」和「教師」是對應關係，但「講台」不是工具，所以(B)錯誤；

(C)中「打火機」和「抽煙者」是對應關係，但「抽煙」不是職業，所以(C)錯誤；

(D)中「望遠鏡」和「科學家」並非一一對應關係，所以(D)錯誤。故正確答案為(A)。

投考懲教署 Q & A

Q1： 懲教署的職員編制是多少？

A1： 懲教署是一支擁有大約6,907名人員的隊伍。

Q2： 假如我是從中國內地移居香港，現在還未取得「香港特別行政區永久性 居民」的資格，那麼我是否沒有資格投考「懲教主任 / 二級懲教助理」？

A2： 除另有指明外，申請人於獲聘為「懲教主任/ 二級懲教助理」之時，必須是「香港特別行政區永久性居民」。

Q3： 假如我有500度近視，那麼我是否不能通過「視力測試」的要求？

A3： 你可以嘗試申請投考「懲教主任/ 二級懲教助理」，基於工種之職能有別，因此，懲教署對於職員的「視力測試」要求，是有別於「警務處」、「消防處」及「政府飛行服務隊」的標準；相對而言「懲教主任/ 二級懲教助理」的「視力測試」的要求是較為寬鬆得多。

Q4： 投考「懲教主任/ 二級懲教助理」是否要懂得游泳？

A4： 投考「懲教主任/ 二級懲教助理」並不需要懂得游泳？

Q5： 「懲教主任」及「二級懲教助理」需要接受多久的入職訓練？

A5： 新入職的「懲教主任」及「二級懲教助理」需要分別接受26及23星期的入職訓練。

Q6： 參與「體能測驗」當日是否需要穿著「西裝」出席呢？

A6： 是不需要穿著西裝出席「體能測試」，只需要穿著運動服裝。

Q7： 「體能測驗」的成績是如何計算？

A7： 「體能測驗」的項目共有5項，分別為：800米跑、穿梭跑(9米單程來回10次)、立地向上直跳(3次試跳)、俯撐取放(30秒)、仰臥起坐(1分鐘)

1. 投考者必須完成此5項「體能測驗」的每個項目。

2. 投考者必須在每個「體能測驗」的項目之中，取得最少1分的成績，並且合共要取得15分才合格，而取得25分就是滿分。

3. 如果投考者在任何1個 「體能測驗」的項目之中，未能取得任何分數，會被評定未能通過「體能測驗」。

Q8： 「二級懲教助理」遴選程序中的「小組面試」及「最後面試」環節，均設有「自我介紹」，那麼「自我介紹」是規定用英文還是用中文演繹呢？

A8： 「二級懲教助理」的「自我介紹」是用中文(廣東話)演繹。

Q9： 男性「二級懲教助理」在受訓之時，是否須要將頭髮完全剪短呢？

A9： 男性「二級懲教助理」在受訓期間，是須要將頭髮剪短至符合紀律部隊受訓期間所要求的頭髮長度以及髮型，而除了長度要符合此項要求之外，更不能把頭髮染至五顏六色。因此，假如你想成為「二級懲教助理」的一份子，那麼請你作出衡量，究竟想留長髮或是想成為「二級懲教助理」呢？

Q10：女性「二級懲教助理」在受訓之時，是否同樣須要將頭髮完全剪短呢？

A10：女性「二級懲教助理」在受訓期間，是「不須要」將頭髮剪短，只要將頭髮紮起便可以。

PART

05

懲教署重要資料

(1)：懲教署歷史回顧

懲教署為全世界歷史最悠久的懲教機關之一。懲教署歷史逾160餘年，經過多番蛻變，展轉成為現今國際最為推崇的懲教機關之一。

香港警隊成立

1841年4月30日，英國公使義律上尉委任第26步兵團，堅偉上尉為首席裁判司 (Chief Magistrate)，並且撥出1400英鎊的財政預算用以建立「香港警隊」，並且興建一座「監獄」和作為32名警務人員以及文職人員的薪金。

1841年8月9日，香港的第一所監獄「中環域多利監獄」設立。

1853年9月20日，香港第一條有關「監獄」的法例正式制定。

1876年，引進限制飲食作為懲罰的一種方法，歐籍囚犯只能夠獲得分發水及麵包，而中國籍囚犯則只可以得分配水和米飯。

1894年4月5日，是最後一次公開在監獄內「執行死刑」。

監獄署成立

1920年12月，監獄署正式成立，開始管理監獄的工作。

1932年4月19日，建於荔枝角的一所「女子監獄」正式啟用。

1937年1月，設在港島南區的香港監獄（即現今赤柱監獄）正式開始運作。

1953年5月1日，「犯人工資計劃」開始實施，鼓勵他們從事生產。工資代替在犯人釋放時給予的酬金。而在此之前，酬金的金額是每一天減刑可得六仙港元。

1955年，赤柱監獄實施開放式探訪。

1956年，荔枝角監獄亦相繼實施開放式探訪。

而以往親友及訪客均須在監獄大閘的鐵籠，隔著雙層鐵絲網，和囚犯高聲對話，監獄職員則在鐵絲網之間進行巡查。

1958年，第一所「懲教署職員訓練學校」正式成立。

1960/61年，監獄職員在值班之時，自此不再需要攜帶槍械。

1966年11月16日，最後一次執行「死刑」。

1971年1月，犯人的「永久性編號系統」開始使用。

1972年3月16日，勞役中心條例正式制定。

1972年6月16日，「沙咀勞役中心」正式開始運作。(註：勞役中心現已改稱為勞教中心)

1972年11月27日，「小欖精神病治療中心」正式啟用，為犯人提供精神病治療服務。

1974年，「打籐」成為教導所所員違反所規的一種懲罰方式。

1978年1月20日，監獄署接管「啟德難民營」，並且參與管理越南船民的工作。

1981年，監獄規則內有關限制「飲食」及「體罰」的條文被刪除。

監獄署易名為「懲教署」

1982年2月1日，監獄署正式易名為「懲教署」，以反映部門重視犯人康復，並確立未來發展的路向。

1983年7月5日，第一所青少年罪犯的中途宿舍「豐力樓」正式啟用。

1984年8月，第一所收容女罪犯的中途宿舍「紫荊樓」正式啟用。

1986年，香港考試局（即現今香港考試及評核局）承認「壁屋懲教所」報考會考的所員為學校考生，可在監獄內參加「香港中學會考」。

1986年7月，懲教署獲確認可成為「愛丁堡公爵獎勵計劃」（即現今香港青年獎勵計劃）的執行處，並在教導所內成立支部，安排所員參與獎勵計劃。

1986年7月，港島童軍221旅在教導所而正式成立，為所員提供童軍活動。

1987年4月，港島童軍141旅深資女童軍隊亦告組成。

1989年12月12日，首次執行越南船民強迫遣返計劃。

1988年7月，首2項的犯人假釋計劃，即「囚犯監管試釋計劃」及「釋前就業計劃」正式生效。

1990年11月1日，用「體罰」作為一種「刑罰」被廢除。

1995年2月8日，第一所為成年罪犯而設的中途宿舍「百勤樓」正式啟用。

1995年10月18日，中途宿舍的服務對象，擴展至「青少年吸毒罪犯」。

1996年11月30日，強制性成年犯人監管計劃「監管釋囚計劃」正式開始實施。

1997年6月30日，《長期監禁刑罰覆核條例》正式開始實施。此條例目的旨在設立一個法定的委員會，以覆核囚犯在香港被判處的「無限期」及「長期監禁」刑罰、被拘留等候行政酌情決定發落的人的拘留、青少年囚犯被判處的刑罰；以及被移交囚犯的「無限期」及「長期監禁」刑罰。

1998年1月14日，「更生事務科」正式成立，主要統籌及發展犯人更生服務，由助理署長（更生事務）領導及管理。

1998年5月26日，最後一個越南船民羈留中心「萬宜羈留中心」正式關閉。

2000年1月，懲教署制訂「抱負、任務及價值觀」，從而規劃部門在未來的發展和方向。

2000年2月，懲教署全面改用「更生人士」又或者「更生者」此名詞，從而取代「釋囚人士」等較為負面的詞彙，藉此鼓勵社會大眾能夠接納和支持決意改過自新的人士。

2000年11月起，懲教署與香港電台電視部，先後製作4輯名為《鐵窗邊緣》的電視實況劇，重組活生生的真實個案，冀望能夠讓徘徊鐵窗邊緣的人有所警惕，並且呼籲社會人士多點包容和關顧。而《鐵窗邊緣》亦獲得電視節目欣賞指數調查的多個獎項。

2001年3月5日，懲教署工業組標誌製作行業，於2000至2001年度「公務員顧客服務獎勵計劃」中，獲得『提升優質服務獎』的嘉許獎。

2002年7月11日，《更生中心條例》生效，「勵志更生中心」於8月1日收納第一位更生中心所員。

2002年10月21日，懲教署榮獲「國際懲教及獄政專業協會」首個會長榮譽大獎。

2002年11月1日，「香港懲教博物館」正式開幕。

2005年8月8日，「青山灣入境事務中心」正式啟用。

2005年12月24日，「域多利監獄」正式停止運作。

2010年4月15日，「青山灣入境事務中心」正式交還「入境事務處」管理。

2010年7月2日，「羅湖懲教所」正式啟用，是香港最新的懲教院所。

(2)：懲教署院所資料

高度設防院所
合共設有(6)間，有關資料如下：

高度設防院所 (1) - 荔枝角收押所 (Lai Chi Kok Reception Centre)

- 於1977年啟用
- 地址在：九龍蝴蝶谷道3/5號
- 收容額：1,484人
- 在囚人士的類別：收容以下男性成年人士：

  (a)各類還押候審的囚犯；

  (b)等候判決的囚犯；

  (c)根據《入境條例》受羈押的人士；

  (d)錢債囚犯;

  (e)上訴人（被判終身監禁的囚犯除外）；

  (f)成年的初犯及積犯（被判終身監禁的囚犯除外）；

  (g)按照《戒毒所條例》還押的人士。

高度設防院所 (2) - 壁屋懲教所(Pik Uk Correctional Institution)

- 於1975年啟用，是一所高度設防院所，用作年輕在囚人士的收押中心、教導所及監獄。
- 地址在:新界西貢清水灣道399號
- 收容額：385人
- 在囚人士的類別：男性年青還押犯人和定罪犯人

高度設防院所 (3) - 石壁監獄(Shek Pik Prison)

- 於1984年啟用，是一所高度設防監獄，專門囚禁被判中等至較長刑期的在囚人士，當中亦都包括終身監禁犯人。

- 地址在：大嶼山石壁水塘道47號
- 收容額：426人
- 在囚人士的類別：男性成年犯人

高度設防院所（4）- 小欖精神病治療中心(Siu Lam Psychiatric Centre)

- 於1972年11月27日啟用，收押根據香港法例第136章《精神健康條例》被判刑及須接受精神病治療的「刑事罪犯」以及「危險兇暴」的罪犯。
- 地址在：新界屯門小欖青山公路16號半，康輝路21號
- 收容額：261人
- 在囚人士的類別：各類需要精神觀察、治療、評估或特別心理服務的男女犯人、還押犯及羈留者。　●醫院管理局精神科醫生是會定期到訪小欖精神病治療中心，為法庭評估在囚人士的精神狀況。
- 而小欖精神病治療中心收納的男、女性犯人，均會被分開囚禁。

高度設防院所（5）- 赤柱監獄(Stanley Prison)

- 於1937年1月啟用，當年成立之時，命名為「香港監獄」，其後改稱為「赤柱監獄」，直至現在，是本港最大的高度設防監獄，囚禁被判終身監禁或較長刑期的在囚人士。
- 地址在：赤柱東頭灣道99號
- 收容額：1,511人
- 在囚人士的類別：　(1) 男性成年還押在囚人士
　　　　　　　　　　(2) 男性成年定罪在囚人士

高度設防院所（6）- 大欖女懲教所(Tai Lam Centre for Women)

- 於1969年啟用
- 地址在：新界屯門大欖涌道110號
- 收容額：151人
- 在囚人士的類別：女性成年犯人、還押犯人及所員。

中度設防院所
合共設有(4)間，有關資料如下：

中度設防院所（1）- 喜靈洲懲教所(Hei Ling Chau Addiction Treatment Centre)

- 於1994年啟用，收押成年和年輕男性吸毒犯人
- 地址在:喜靈洲
- 收容額:532人
- 在囚人士的類別:男性成年中度保安風險類別犯人

中度設防院所（2）- 白沙灣懲教所(Pak Sha Wan Correctional Institution)

- 於1999年啟用
- 地址在：香港赤柱東頭灣道101號
- 收容額：424人
- 在囚人士的類別：男性成年犯人

中度設防院所（3）- 塘福懲教所(Tong Fuk Correctional Institution)

- 於1966年啟用，當年名為「蘇埔坪監獄及塘福中心」，2010年2月25日合併，並重新命名為塘福懲教所
- 地址在：大嶼山蘇埔坪道31號
- 收容額：875 人
- 在囚人士的類別：男性成年犯人

中度設防院所（4）- 羅湖懲教所(Lo Wu Correctional Institution)

- 於2010 年7月2日啟用，是香港最新的懲教院所
- 地址在:新界上水河上鄉路163號
- 收容額: 1,400人
- 在囚人士的類別: 女性成年犯人及還押犯人

註：

新的「羅湖懲教所」發展計劃是於2007年4月展開，合共斥資15億元重建，於2010年7月2日啟用及運作，為全港最大的女性囚犯收容所。合共收容1,400名女性成年犯人名額（即比舊的羅湖懲教所，提供多1,218個額外名額）。

而「羅湖懲教所」採取懲教事務管理模式，強調以人為本、著重環保、關心社會的策略。

新的「羅湖懲教所」分為「主翼」、「東翼」及「西翼」3個監區，當中：

- 「主翼」是1所低度設防監獄 (共有600個名額)
- 「東翼」及「西翼」是2所中度設防監獄 (各有400個名額)以囚禁成年的女性犯人

新的「羅湖懲教所」是按其特別用途而作出興建，院所設有各類協助女性囚犯更生的設施，而當中包括有：

- 多媒體教育中心
- 職業訓練工場
- 康樂設施
- 多用途室
- 育嬰室(提供20個床位，讓在獄中生育的女囚犯親自照顧嬰兒直至小孩3歲)
- 親子中心(容許女囚犯申請與6歲或以下的子女在舒適環境下共處，建立親子關係)
- 心理輔導室(名為「健心館」，是由心理專家為女囚犯提供心理輔導服務，解決有關情緒之問題)

上述設施可以為在囚的女性囚犯，提供更佳的更生服務，例如開辦職業訓練班、各類教育課程及興趣班等。

新的「羅湖懲教所」，亦為全港首個環保監獄，當中設有行人天橋連接至各綜合大樓，集中安排犯人日常生活及更生輔導等服務，新建築亦裝置多項環保設施，包括：

- 太陽能發電熱水系統
- 污水循環再用系統（以生物分解方式處理污水作沖廁之用）
- 綠色天台（其中3座大樓的天台種有鋪地植物或草坪，以增加綠化面積及減低大樓內的室內溫度）

新的「羅湖懲教所」設計完全融入科技設施，並且充份利用電子保安系統輔助懲教署人員執行日常管理及運作，院所內總共設有1,600個鎖，而其中380個是電子鎖，保安非常嚴密。

而且囚倉及多處地方均設有多部閉路電視，並採用互相連結的監察系統及無線電通訊系統，能夠提高保安效率及內部溝通。

懲教署職員當值室設於囚倉正中間，職員除了可以利用閉路電視進行監察，閉路電視系統亦連接至中央控制室，會24小時不斷錄影。

除此之外，職員更可以透過3面玻璃監察各個囚倉的環境。如有警鐘響起，電腦系統會即時顯示響鐘位置，懲教人員可即時前往有關地點作出跟進。

荔枝角收押所。

低度設防院所
合共設有(14)間，有關資料如下：

低度設防院所（1）— 歌連臣角懲教所(Cape Collinson Correctional Institution)

教導所(Training centre)

- 於1958年啟用
- 地址在：香港柴灣歌連臣角道123號
- 收容額：192人
- 在囚人士的類別：在教導所條例下受訓的男性青少年

低度設防院所（2）— 芝蘭更生中心(Chi Lan Rehabilitation Centre)

更生中心(Rehabilitation Centre)

- 於2002年啟用，然後再於2008年5月28日由石澳道110號遷往現址
- 地址在：新界葵涌華泰路16號
- 收容額：40人
- 在囚人士的類別：在〔更生中心條例〕下，接受第1階段訓練的女性青少年所員

低度設防院所（3）— 喜靈洲戒毒所(Hei Ling Chau Addiction Treatment Centre)

戒毒所 (Drug Addiction Treatment Centre)

- 於1975年啟用，喜靈洲戒毒所前身是喜靈洲痲瘋病院，改建後成為現今之喜靈洲戒毒所。
- 地址在：喜靈洲
- 收容額：672人
- 在囚人士的類別：在戒毒所條例下，接受戒毒及康復治療的男性成年吸毒者

低度設防院所（4）— 勵志更生中心(Lai Chi Rehabilitation Centre) 更生中心(Rehabilitation Centre)

- 於2002年啟用
- 地址在：大嶼山石壁水塘道 35 號 收容額:90人
- 在囚人士的類別：在〔更生中心條例〕下，接受第1階段訓練的男性青少年

低度設防院所（5）— 勵行更生中心(Lai Hang Rehabilitation Centre) 更生中心(Rehabilitation Centre)

- 於2002年啟用
- 地址在：九龍大窩坪龍欣道3號4樓
- 收容額：70人
- 在囚人士的類別：在〔更生中心條例〕下，於「勵志更生中心」完成第1階段訓練的男性青少年

低度設防院所（6）— 勵敬懲教所(Lai King Correctional Institution)

- 於2008年5月28日啟用
- 地址在：新界葵涌華泰路16號
- 收容額：200人
- 在囚人士的類別：勵敬懲教所共收容以下各類女性青少年在囚人士：
  1. 在囚人士（定罪）
  2. 在囚人士（還押）
  3. 教導所所員
  4. 戒毒所所員

低度設防院所（7）— 勵新懲教所(Lai Sun Correctional Institution)

現為一所綜合戒毒中心(Now functions as a Drug Addiction Treatment Centre)

- 於1984年啟用
- 地址在：喜靈洲
- 收容額：202人
- 在囚人士的類別：在〔戒毒所條例〕下接受戒毒及康復治療的男性吸毒者

低度設防院所（8）— 勵顧懲教所(Nei Kwu Correctional Institution)

- 於2002 年啟用，其後再於2010年2月25日重新命名
- 地址在：喜靈洲
- 收容額：236人
- 在囚人士的類別：在〔戒毒所條例〕下接受戒毒及康復治療的女性成年吸毒者

低度設防院所（9）— 壁屋監獄(Pik Uk Prison)

- 1975年啟用
- 地址在：新界西貢清水灣道397號
- 收容額：550人
- 在囚人士的類別：男性成年的初犯

低度設防院所（10）— 沙咀懲教所(Sha Tsui Correctional Institution)

- 於1972年啟用
- 地址在：大嶼山石壁水塘道35號
- 收容額：121人
- 在囚人士的類別：- 在〔勞教中心條例〕下受訓的男性青少年

低度設防院所（11）— 大欖懲教所(Tai Lam Correctional Institution)

- 1980年啟用
- 地址在：新界大欖涌大欖涌道108號
- 收容額：598人
- 在囚人士的類別：男性成年及年老低保安風險類別犯人

低度設防院所（12）— 大潭峽懲教所(Tai Tam Gap Correctional Institution)

- 2014年3月26日啟用
- 地址在：香港石澳道110號
- 收容額：160人
- 在囚人士的類別：男性青少年定罪犯人

低度設防院所（13）— 東頭懲教所(Tung Tau Correctional Institution)

- 1982年啟用
- 地址在：香港赤柱東頭灣道70號
- 收容額：452人
- 在囚人士的類別：男性成年低保安風險類別犯人

註：於2012年，東頭懲教所成為本港第一所「無煙懲教設施」，只收押不吸煙的成年男性犯人。

低度設防院所（14）— 蕙蘭更生中心(Wai Lan Rehabilitation Centre)
更生中心(Rehabilitation Centre)

- 於2002年啟用
- 地址在：新界大欖涌道18號A&B座
- 收容額:24人
- 在囚人士的類別：在〔更生中心條例〕下，於「芝蘭更生中心」完成第1階段訓練的女性青少年

更生中心
合共設有(４)間，有關資料如下:

更生中心 (1) ── 芝蘭更生中心(Chi Lan Rehabilitation Centre)

- 於2002年啟用，然後再於2008年5月28日由石澳道110號遷往現址
- 地址在：新界葵涌華泰路16號
- 收容額：40人
- 在囚人士的類別：在〔更生中心條例〕下，接受第1階段訓練的女性青少年所員

更生中心 (2) ── 勵志更生中心(Lai Chi Rehabilitation Centre)

- 於2002年啟用
- 地址在：大嶼山石壁水塘道 35 號
- 收容額：90人
- 在囚人士的類別：在〔更生中心條例〕下，接受第1階段訓練的男性青少年

更生中心 (3) ── 勵行更生中心(Lai Hang Rehabilitation Centre)

- 於2002年啟用
- 地址在：九龍大窩坪龍欣道3號4樓
- 收容額：70人
- 在囚人士的類別：在〔更生中心條例〕下於「勵志更生中心」完成第一階段訓練的男性青少年

更生中心 (4) ── 蕙蘭更生中心(Wai Lan Rehabilitation Centre)

- 於2002年啟用
- 地址在：新界大欖涌道18號A&B座
- 收容額：24人
- 在囚人士的類別：在〔更生中心條例〕下於「芝蘭更生中心」完成第一階段訓練的女性青少年

中途宿舍
合共設有(3)間，有關資料如下:

中途宿舍 (1) - 紫荊樓 中途宿舍 (Bauhinia House Half-way House)

- 於1984年啟用，然後再於2002年遷到現址
- 地址在：新界大欖涌道18號C座
- 宿位：24人
- 宿員類別：從「教導所」或「戒毒所」釋放的女性受監管者及參與「監管試釋計劃」、「釋前就業計劃」或「監管釋囚計劃」的成年女性受監管者

中途宿舍 (2) - 百勤樓 中途宿舍 (Pelican House Half-way House)

- 於1995年啟用，然後再於2004年遷到現址
- 地址在:九龍大窩坪龍欣道3號3樓前座
- 宿位:40人
- 宿員類別:從「戒毒所」釋放的成年男性受監管者及參與「監管試釋計劃」、「釋前就業計劃」、「有條件釋放計劃」及「監管釋囚計劃」的成年男性受監管者

中途宿舍 (3) - 豐力樓 中途宿舍 (Phoenix House Half-way House

- 於1983年啟用
- 地址在:九龍大窩坪龍欣道3號
- 宿位:30人
- 宿員類別:從「勞教中心」、「教導所」、「戒毒所」釋放的年輕男性受監管者

羈留病房
合共設有(2)間，有關資料如下:

羈留病房（1）- 伊利沙伯醫院羈留病房(Queen Elizabeth Hospital Custodial Ward)

- 1992 年啟用
- 地址在：九龍加士居道30號，伊利沙伯醫院病理大樓M座5樓
- 收容額：24張病床
- 在囚人士類別：由各懲教院所醫生轉介的男/女患病在囚人士

羈留病房（2）- 瑪麗醫院羈留病房(Queen Mary Hospital Custodial Ward)

- 1991年啟用
- 地址在：香港薄扶林道102號，瑪麗醫院J座9樓
- 收容額：22張病床
- 在囚人士類別：由各懲教院所醫生轉介的男性患病在囚人士

(3)：懲教署署長周年記者會致辭全文

以下是懲教署署長邱子昭先生於二〇一六年二月三日在周年記者會上發表的致辭全文：

一直以來，懲教署全體人員悉力以赴，為社會安穩提供安全的羈管以及適切的更生計劃，協助在囚人士獲釋後減少再犯，目的就是要執行保障公眾安全及減少罪案的使命。

此外，我們繼續與不同持份者協作，加強社區教育，不但幫助更生人士重投社會，而且為預防犯罪，特別是青少年方面，作出貢獻。

在囚人口概況

二〇一五年，隨著整體罪案率下降，懲教院所每日平均在囚人口為8 413人，較二〇一四年的8 797人，微跌4%，而平均收容率則為76%。在囚人口當中：

（i）男性佔80%，女性佔20%；

（ii）定罪為81%，還押為19%；和

（iii）21歲或以上為92%，未滿21歲為8%。

同年，我們新收納了147名已定罪的高保安風險在囚人士，較前年大幅上升了39%，（二〇一四年數字為106人）。

其中86%干犯了嚴重毒品相關罪行；而來自其他國家的佔30%。

在二〇一五年十二月三十一日，懲教署監管超過一萬名人士，包括8 438名在囚人士及1 991名已獲釋而受監管的更生人士。

以背景分類，8 438名在囚人士當中，本地在囚人士佔70%、來自內地、台灣和澳門的佔12%、而來自其他國家的在囚人士則佔18%。

與前年（二○一四年）比較，來自其他國家的在囚人士佔整體在囚人士的比例上升，由二○一四年的15%上升至二○一五年的18%，達1500多人（1525人），來自65個國家。

隨着本港人口老化，在過去十年間，65歲及以上在囚人士的人數日趨增加。二○一五年，65歲及以上已定罪的在囚人士共有475人，較二○○六年的233人多了一倍（104%）。

為切合需要，符合條件（例如保安級別）的年長在囚人士已於去年一月遷移至設有適當設施和更生計劃的大欖懲教所。

安全羈押

懲教院所透過嚴格紀律與秩序模式，讓在囚人士在作息有序及安全羈押的環境生活，反思己過及安心參與更生計劃。雖然大部分在囚人士都遵守紀律和表達悔意，但亦有部分在囚人士不時作出違紀行為，以致影響院所秩序及他人的安全。

由二○○八年至二○一五年，連續八年，沒有成功逃獄或越押個案；但另一方面，院所內的違反紀律活動卻有所增加。就此，本署加強對在囚人士的搜查，包括大規模的跨院所聯合搜查行動等，以打擊院所內的非法活動。去年，本署保安課於院所進行了8 038次聯合搜查／特別搜查／夜間突擊搜查行動，比前年的5 673次大幅增加了42%。

在針對打擊院所內的非法活動方面：

（i）去年，在囚人士被紀律檢控共有3671次，(牽涉2348人)，較前年的3592次，上升79次 (2%)。

當中涉及「管有未獲授權的物品」的紀律檢控，由二○一四年的695次，大幅上升193次（28%）至888次；至於其他紀律檢控則由2897次，下跌114次(4%)至2 783次。

（ii）若以人數計算，去年共有2348名在囚人士被紀律檢控，當中有12% (即274人) 被紀律檢控了約共1200次, (當中每人觸犯3次或以上的違紀行為) ，佔整體紀律檢控次數的33%。

（iii）至於暴力個案，去年共有522宗，主要涉及在囚人士打鬥或襲擊他人，較前年（即567宗）減少45宗（8%）。

當中有36宗較嚴重個案須轉介警方跟進，（較前年減少3宗），其餘個案則按照內部紀律檢控處理。

而有15宗涉及懲教人員於執勤時遇襲，較前年減少1宗，但是受傷的懲教人員則由18人增加至29人。

懲教署必定會繼續嚴厲執法，遏止任何違紀事件。而違紀活動增加，正好反映懲教人員所面對的挑戰及壓力。如果這類違紀行為和暴力事件，懲教人員未能及早發現和介入並對涉案的在囚人士根據法例施加適當懲處，情況將會惡化，嚴重影響懲教設施的秩序、運作、以致有關持份者的安全以及各項更生計劃的成效。故此，我們必定會嚴肅依法處理所有非法行為，維持院所紀律。

正如外間社會一樣，有些在囚人士會因各種原因而作出自我傷害行為。二〇一五年，共有72宗個案涉及在囚人士作出自我傷害行為，（比去年的68宗多4宗），當中絕大部分獲懲教人員及時發現和拯救，可惜其中一名在囚人士經搶救後不幸身亡，事件已交由警方調查，稍後會有死因聆訊。

雖然過去一年，懲教工作有效暢順，羈管環境安全有序，但是，相關的保安風險卻有所增加，包括新收納的甲類在囚人士的數目上升，醫療押解數字持續高企，以及在囚人士違紀行為增加。

為了應付院所和外圍緊急事故，以及加強執行高風險押解等任務，我們計劃以小隊形式，在押解及支援組下設立常規的區域應變隊，對區域層面上所發生的緊急事故，提供更有效、快速及機動的支援。

此外，為加強懲教設施的保安，防止毒品經藏在體內流入院所，本署在二〇一三和一四年，已經陸續在收押所裝設四部低輻射X光身體掃描器，供執勤使用。今年之內，我們將增設多三部。屆時，本署所有（六間）收押所將總共有七部掃描器，取代大部分的人手直腸檢查。

引進X光身體掃描器有效防止毒品非法流入院所。去年，搜獲毒品的個案數目減少35%，由二〇一四年的51宗減至二〇一五年的33宗。截獲的毒品以海洛

英及精神科毒品為主，涉及的大都是剛被羈押的人士。至於在二○一四年及二○一五年截獲的體內藏毒個案，數目則分別為32宗及16宗。

部分懲教院所歷史久遠，設施相對陳舊，間接影響了羈押及更生計劃的有效落實。故此，我們會繼續作出適當改善。

大欖女懲教所的局部重建工程已於二○一二年年中展開，預期於今年年底完成。由現在至二○一九年期間，我們亦會把赤柱監獄的閉路電視系統提升為新的數碼化系統。今年稍後時間，我們計劃向立法會申請撥款，在赤柱監獄裝設電鎖系統，以及將小欖精神病治療中心和白沙灣懲教所的閉路電視系統提升為數碼化系統。

更生工作

我們一直與超過80個非政府機構緊密合作，推行多元化和適切的更生計劃和措施，為在囚人士提供機會和協助，幫助他們掌握有用技能，接受教育及提升自信心，從而在獲釋後能夠重獲新生，回歸社會。

我們安排青少年在囚人士按進度及潛質接受教育，並取得佳績。

去年，有20名報考香港中學文憑考試，當中有94%的試卷獲得二級或以上的成績。更首次有在囚人士考獲5**，或獲本地大學取錄。

此外，本署亦為自願進修的成年在囚人士提供指導及協助。

二○一五年，成年及青少年在囚人士在公開考試共報考1103份試卷，比去年的763份試卷增加45%，整體及格率由72%上升至75%。另外，還有超過500名在囚人士完成香港公開大學或其他專上院校的遙距課程，其中更有三名獲頒學士或碩士學位。

為提高就業能力，本署為青少年在囚人士提供20項職業訓練課程，以及為將於三個月至兩年內釋放的成年在囚人士開辦超過40項市場導向的課程。

近年開辦的課程有點心製作、寵物美容及店務助理、鋼筋屈紮、木模板工藝及護理服務等。

去年，大約1400名成年在囚人士自願報讀職業訓練課程。

至於今年，本署更會開辦裝修防水助理、花店及花藝設計助理以及咖啡店運作等課程。

此外，本署也繼續協助在囚人士考取相關認可資歷，包括印刷業資歷認可及車縫技能認證等。

二〇一五年，成年及青少年在囚人士合共報考2882項職業資歷考試和工藝測試，比二〇一四年的2649項增加9%，整體及格率由96%上升至97%。

我們鼓勵僱主登記成為「愛心僱主」和給予更生人士就業機會。

去年十二月，我們與香港中華廠商聯合會及商界助更生委員會有限公司再次合辦視像職業招聘會，共有超過30間商業機構參與，涵蓋10個行業。

今年年中，本署會和一間高等學府再次舉辦就業研討會，為促進在囚人士於獲釋後的就業問題作進一步探討。

多年來，本署一直致力在社區推廣助更生工作，呼籲社會大眾支持和接納更生人士。除了恆常宣傳教育活動外，二〇一五年，本署舉辦了多項大規模的亮點項目，包括與18區分區撲滅罪行委員會合辦的助更生地區宣傳、在囚人士感恩月、非政府機構論壇、懲教更生義工團義工頒獎禮等。

除了上述工作，心理服務組向在囚人士提供心理輔導，糾正犯罪行為和改善心理健康。在這方面，懲教署及香港中文大學心理學系就性罪犯的心理輔導工作進行了一項為期五年的研究。這項研究由香港賽馬會慈善信託基金贊助，並已於二〇一五年完成以及研發了一套「香港性罪犯風險及更生需要評估工具」。研究結果有助優化對本地性罪犯的風險評估和識別性罪犯的重犯風險，以及提供更適切的更生計劃。本署已於今年二月一日起，正式使用這項評估工具，作撰寫心理報告及安排更生計劃之用。稍後心理服務組的專家和香港中文大學教授會詳細介紹研究結果。

社區教育及防止罪案

在社區教育方面，懲教署透過推行更生先鋒計劃，聚焦向學生和青少年宣揚奉公守法、遠離毒品及支持更生的重要信息。

去年，超過30000人次參加了各項活動。部門會不斷完善更生先鋒計劃，更切合參加者的興趣和需要。

由二〇一五年九月開始，本署為學生推行一項名為「思囚之路」的嶄新教育活動，透過模擬法庭和已騰空的馬坑監獄的設施，讓他們親身體驗整個在囚

過程，認識香港刑事司法制度及懲教工作，並進一步體會在囚人士的心路歷程，從而反思犯罪的沉重代價及奉公守法的重要性。學校及各持份者對「思囚之路」的反應非常正面和踴躍，我們會延續這項活動，將信息帶給更多的青少年，防止罪案。

人力資源

懲教署現正處於職員流失的高峰期，這現象仍會持續數年。

於二〇一五至一六年度，截至去年十二月止，我們已聘請了35名懲教主任和60名二級懲教助理。預計在今年第一季，會聘請多16名懲教主任及200名二級懲教助理。屆時，全年共聘請51名懲教主任及260名二級懲教助理。

在二〇一六至一七年度，懲教署會聘請最少50名懲教主任和240名二級懲教助理。

雖然在囚人口數目下降，但近年在囚人士因急病或意外受傷而轉送急症室診治、因病需要入住外間醫院，或需要定期到外間診所接受專科治療的個案數目仍持續高企。

自二〇一三年至二〇一五年期間，每年本署需安排職員執行醫療押解的工作日數平均維持39000日，對人力資源構成莫大壓力。

結語

懲教署秉承專業精神，堅守崗位，盡心盡力為市民服務，維持香港安全穩定。過去一年的工作成果，有賴市民和社會各持份者對本署的支持，我們衷心感謝。未來，我們會繼續努力，與社會各界攜手，為香港安穩共融作出貢獻。

完

(4)：為更生人士提供服務

懲教署除了為被羈押在懲教院所的在囚人士提供合適及健康的羈管環境，亦為他們提供全面的「更生服務」，以助他們改過自新，重新融入社會。

懲教署的更生服務

懲教署於1998年1月成立「更生事務科」（現稱更生事務處），專責處理在囚人士日益備受關注的自新程序，並且致力協助在囚人士改過自新。

在設立「更生事務科」之後，懲教署致力制訂長遠的更生事務策略、加強與各法定在囚人士刑罰檢討委員會的合作、增強與各關注在囚人士更生服務團體的溝通、以及確認和改進現有服務的不足。並且根據重新融入社會綱領，為25間懲教院所羈管的在囚人士提供更生服務(當中包括輔導、職業訓練、釋囚輔導及支援服務) 以促進在囚人士獲釋後重投社會，成為奉公守法的市民。

根據懲教署的研究，如妥善實施更生計劃，預期再犯率平均可減少10%。

現時「更生事務處」由助理署長（更生事務）負責管理，轄下組別分別有：

(1) 更生事務組1（評估及監管）；

(2) 更生事務組2（福利及輔導及監管）；

(3) 教育組；

(4) 工業及職業訓練組；以及

(5) 心理服務組 。

由於「更生事務處」經過19年的推展工作，現已在更生服務領域奠定了穩固基礎。而「更生事務處」的專業精神，是源自於懲教署早於1982年倡議的「懲教並重」原則。

因此，懲教署於2015年仍然以「給更生人士一個機會」作為宣傳主題，持續推行多元而適切的更生計劃，以及通過全面的監管服務協助罪犯改過自新和重新融入社會。

以下是懲教署提供的更生服務及其服務對象。

判前評估服務

被羈押的已定罪人士在未判刑前，法庭或將他轉介至懲教署作判前評估。懲教署將會見他們，評估其適合接受哪種更生計劃，然後向法庭建議最適合他們的更生計劃。

服務對象包括以下懲教院所的在囚人士：

- **勞教中心**

勞教中心計劃在沙咀勞教中心推行，為14至20歲的青少年男罪犯及21至24歲的青年男罪犯而設。計劃強調嚴守紀律、艱苦訓練、辛勤工作及密集日程。受訓生獲釋後，須接受為期一年的法定監管。

- **更生中心**

更生中心處理14至20歲的青少年罪犯，為他們提供包括短期住宿訓練的更生計劃。此計劃共分兩個階段，為期三個月至九個月。獲釋的青少年罪犯須接受為期一年的法定監管。

- **教導所**

教導所為14至20歲的年輕罪犯提供感化教導，教導期由最短六個月至最長三年。年輕罪犯須接受半日教育及半日職業訓練和身心發展計劃。獲釋時，教導所所員須覓得工作、教育或職業訓練空缺，並接受為期三年的法定監管。

- **戒毒所**

戒毒所為吸毒者提供強制性治療。囚犯須在戒毒所內接受為期兩個月至12個月的戒毒治療，其後須接受一年的法定監管。此計劃包括各種戒毒治療、紀律訓練、工作計劃、戶外體力活動及全面監管服務。

青少年罪犯評估

14至24歲的年輕男罪犯及14至20歲的年輕女罪犯，可由法庭轉介至由懲教署及社會福利署專業人員組成的青少年罪犯評估專案小組，專責會見青少年罪犯，然後將就每宗個案建議最合適的更生計劃。

福利及輔導服務

在囚人士進入懲教院所後，隨即接受懲教署的福利及輔導服務。

福利及輔導服務包括以下範疇：

- 配合在囚人士在福利方面的需要；
- 協助在囚人士處理服刑初期出現的適應問題；
- 推行各項適合在囚人士更生需要的更生計劃；及
- 提供釋前輔導，幫助在囚人士為出獄作好準備，按他們的需要，轉介他們予有關的社會福利機構，讓他們得到適當的跟進支援及服務。

心理服務

心理服務的目的是促進在囚人士的心理健康及改變他們的犯罪行為。

此服務由一班臨床心理學家及曾接受心理輔導訓練的懲教署職員提供，計劃項目包括：

- 為性罪犯及吸食危害精神毒品的在囚人士而設的治療計劃；
- 為成年罪犯而設的心理健康計劃及預防暴力治療計劃；
- 為年青罪犯而設的心理更新計劃，以培養他們的親社會價值觀及改變他們的犯罪行為；
- 家庭更新計劃，鼓勵家人參與在囚人士的更生過程。

教育

不足21歲的年輕罪犯須接受強制正規日間課程，包括一般學科、商科及電腦應用。在囚人士亦可參與公開考試，如英國城市專業學會考試、英國倫敦工商會考試、香港中學會考、香港高級程度會考及香港財務會計協會考試。

此外，成年罪犯亦可自行修讀各種自學或遙距課程，包括由教育機構及學院主辦的大專課程。

職業訓練

不足21歲的年輕罪犯須接受半日制工商技能訓練，以協助他們考取職業資格，訓練課程包括：

- 英國城市專業學會公開試課程
- 職業訓練局或建造業議會訓練學院工藝測試課程
- 為就業而設的職業技能課程

成年在囚人士亦可透過參加建造業議會訓練學院及職業訓練局的工藝測試，考取職業資格。懲教署亦提供釋前職業訓練，讓在囚人士就獲釋後的就業作好準備。

監管服務

根據罪犯監管試釋計劃及釋前就業計劃，在囚人士可在刑滿前獲釋並接受法定監管。監管職員定期向受監管者進行家訪或探訪其工作間。在家人、親友及監管職員支援下，在囚人士能為重投社區生活作好準備。

從教導所、更生中心、勞教中心及戒毒所釋放的人士和根據監管釋囚條例及長期監禁刑罰覆核條例接受監管的人士，亦須接受監管職員的監管，以確保他們能順利重投社會。

為在囚人士提供更生服務的非政府機構

本港有超過80個非政府機構積極參與在囚人士的更生服務。你可參考下表得知這些機構：

香港明愛樂協會	基督教勵行會	通善壇
仁濟醫院	天主教教區中心	基督教互愛中心
圓玄學院	九龍樂善堂	嘉諾撒仁愛女修會
基督教香港信義會	蓬瀛仙館	灣仔扶輪社
思定會	香港基督教服務處	孔教學院
職業訓練局	德蘭信心會	香港基督教更新會
香港儒釋道院	九龍崇德社	瑞廷聰敏會
基督教青少年牧養團契	香港佛教圖書館	香港崇德社
善導之母堂	香港中華基督教青年會	中華回教博愛社
百俊獅子會	鳴道超見會	基督教豐盛職業訓練中心
國際佛光會香港協會	香港友愛會	文瀾明達會
基督教巴拿巴愛心服務團	香港回教信託基金總會	香港善導會
在德謙和會	救世軍	香港青年協會
翰佐智慧會	恩友會	製衣業訓練局
范坤敬畏會	突破青年村	香港童軍總會
昌品恩典會	建道神學院	香港女童軍總會
天申望德會	循道衛理中心	關顧更生人士會
王成孝愛會	耶和華見證人會眾	義務工作發展局
思維友愛會	循道衛理楊震社會服務處	成長希望基金會
趙榮善良會	基督教新生協會濫用藥物輔導中心	香港青年獎勵計劃
聖保祿書信會	基督教宣道會香港區聯會有限公司	達悟伊斯倆米香港
善牧會中華區	香港社區祖職協會	教友監獄福傳組織
商界助更生委員會	明愛朗天計劃 — 性健康重建服務	香港國際社會服務社
香港青年工業家協會	國際扶輪社 3450 地區	香港教育專業人員協會
香港社會企業策劃中心	香港啟發課程有限公司	香港城市大學教職員協會
國際獅子會總會港澳 303 區	Chabad of Hong Kong	Ohel Leah Synagogue
國際斯佳美容協會 — 聖迪斯哥中國分會	紫藤	

(5)：更生先鋒計劃

懲教署自2008年9月開始推展「更生先鋒計劃」，透過計劃內一系列多元化的社區教育活動，向公眾宣揚「奉公守法、遠離毒品、支持更生」的信息。懲教署在這方面的工作，於青少年的健康成長，以至整個社會的安全共融都發揮正面的作用，值得大家的支持及肯定。

例如：
- 教育講座、
- 面晤在囚人士計劃、
- 綠島計劃、
- 參觀香港懲教博物館、
- 延展訓練營、
- 青少年座談會、
- 「創藝展更生」話劇音樂匯演、
- 思囚之路等。

「教育講座」：提供香港刑事司法體系和懲教署羈管及更生計劃的基本資料。

「面晤在囚人士計劃」：安排青少年學生參觀懲教院所，並與在囚人士面對面交流，讓他們了解犯罪的後果，從而激發他們思索犯罪的嚴重代價，達至強化滅罪的訊息。

「綠島計劃」：主旨是向青少年宣傳禁毒信息及環境保護的重要性，計劃安排參加者與設於「喜靈洲的戒毒院所」青少年在囚人士會面，了解吸毒的禍害，以增加滅罪教育之成效。

參觀「香港懲教博物館」：可加深參觀者對懲教工作的了解，尤其是大眾的支持對罪犯更生的重要性。

「延展訓練營」：是一項為期三日兩夜、於「馬坑監獄」及「喜靈洲」島上進行的紀律訓練項目，目的是透過紀律訓練，幫助青少年加強自信心、建立正確價值觀、團隊合作性及提昇獨立思考判斷能力。

「青少年座談會」：是以「論壇劇場」形式進行，由專業話劇團體設計互動式的話劇。內容講述一位更生人士曾經誤入歧途，然後於重新融入社會路途上的掙扎過程，還有暴風少年如何面對毒品的誘惑。

「創藝展更生」：話劇音樂匯演計劃是懲教署與「天主教教友監獄福傳組織」自2011年8月於赤柱監獄合作推行，將藝術治療融入更生服務之中，通過一連串的藝術創作工作坊協助在囚人士自我探索及了解。

過程中，提供了平台讓在囚人士回饋社會，向學生親述犯罪為他們帶來的沉重代價和守法的重要性，藉以警惕學生必須潔身自愛，為建立安穩社會出一分力。

此外，「創藝展更生」話劇音樂匯演計劃更讓同學通過在囚人士的創作及表演增加對懲教署多元化的更生服務及其成效的了解。

「思囚之路」：為進一步加深學生對「刑事司法制度」及「懲教工作」的認知，以及促使參加者反思犯罪的沉重代價和嚴重後果，懲教署於2015年9月推出一項名為「思囚之路」的嶄新教育項目。

活動是以一些常見涉及青少年之案件作背景，並且運用了懲教院所的真實環境，例如使用位於赤柱的「懲教署職員訓練院」以及已經停止運作的「馬坑監獄」設施，讓青少年及學生能夠設身處地體驗在囚人士的服刑生活。

活動內容亦包括有模擬法庭聆訊、模擬收押程序、囚倉及獨立囚室體驗、步操訓練、模擬在囚人士工作體驗及設有專題小組活動，並會由在囚人士分享心路歷程等，讓參加的青少年及學生對懲教署的工作有更深的了解，進而認同更生工作的意義，是一個獨特而極具意義的社區教育項目。

備註:
「更生先鋒計劃」在2012年11月起，正式被納入為新高中課程的「其他學習經歷」活動。

(6)：教導所

教導所負責教導根據《教導所條例》判刑的年輕所員。香港相關的教導所/懲教所包括「勵敬懲教所」、「勵新懲教所」、「壁屋懲教所」及「沙咀懲教所」。

對14至20歲的男性及女性犯人來説，進入教導所亦是一項代替監禁的刑罰。

凡案底較為複雜或觸犯較嚴重罪行，又不大獲家人支持或全無家人支持的犯人，均為此計劃的對象。

為期6個月與3年不等的教導所計劃旨在提升所員的教育水平和使他們學得一技之長。所員須在獲釋後接受3年輔導監管，以確保他們在獲釋後也能奉公守法。

教導所著重協助犯人改過自生及提供職業培訓。教導所所員均需參加半日的教育班，以及接受半日的職業訓練。

- 管方會依據所員的教育程度分班，由合資格教師教導，班級程度由小學至中學不等。
- 職業訓練旨在讓所員培養良好的工作習慣和技能，有助他們獲釋後就業。
- 康樂及體育活動在傍晚、星期日和公眾假期進行。
- 室外活動如球類比賽及田徑運動由合資格的體育導師定期安排。
- 室內活動包括興趣班、音樂、普通話、美術設計、素描、繪畫、弈棋和閱讀。

教導期最短為六個月至最長三年不等，須視乎以下因素而定：

- 所員對教導的反應
- 獲釋後過守法生活的意願
- 在初級、中級及高級三個不同級別的表現進度

進度評審委員會至少每月一次評審每個所員的進度。每名所員須與委員會會晤，以了解自己的強項和弱點。委員會可考慮把表現良好的所員升級及安排釋放。

犯人獲釋後，可能要再接受為期三年的監管，期間亦要遵守某些規限（例如在午夜後必定要留在家裏）。犯人若不遵從監管條件，便可能會被再次送入教導所服刑多六個月或服刑滿三年（由首日服刑起計），兩者以較後的日期為準。法庭判處監禁的罪犯會按性別、年齡及保安類別分類送往不同懲教院所服刑，根據《教導所條例》，若犯事者定罪當日不少於十四歲及未滿二十一歲，法庭在考慮社會利益、犯事者品性及犯罪情況等因素後，認為被告在教導所接受教導會有利於感化及防止罪案發生，便會將被告判入教導所，刑期會每月評估，行為良好者會較早獲釋，但不能少於半年，獲釋後仍須接受最長三年的強制性善後輔導。

教導所某程度類似訓練中心，本港目前有多個懲教所接收需受教導所課程的所員，葵涌勵敬懲教所則會接收教導所女所員，由於相信健康狀況良好才能夠有自信地重踏社會，教導所有別於監獄，會透過步操、童軍式體能訓練鍛煉學員，除每日上午都上課外，學員下午更要參加職業訓練班，學習美容、打字及水吧等工作技能，不像一般囚犯每日工作六至八小時賺取工資。

獲釋後仍須跟進三年

二〇〇四年八月曾有一名十九歲青年要求法官覆判刑罰寧願坐監而不入教導所，當時他的理由是指教導所如犯罪交流營，反而判監更有助改過，法官最終改判他入獄二十個月。

香港青年協會督導主任鄧良順解釋，教導所為避免首次犯事年輕人即判入監獄的另外選擇，雖然教導所學員獲釋後仍需接受最長三年的跟進，監管期變相加長，但教導所着重職業訓練及培訓元素，青少年獲釋後更易融入社會，較適合年輕人改過自新，他說：「可能今次個女仔唔理解，但對長遠發展來說，教導所一定好過監獄。」

勞教中心或教導所的判刑

法庭將青少年犯定罪後，如認為罪不致入獄者，可考慮將其還押，讓懲教署署長看管，以便署長評估其是否適合進入勞教中心或教導所，然後才判刑。

懲教署署長就他們是否適合進入勞教中心或教導所作出建議前，會考慮他們

所犯罪行的性質、案底和服刑經驗、體格及精神能否應付有關計劃的訓練、以及是否有家人和社群的支持，幫助他們重新融入社會等。

勞教中心

一般而言，懲教署署長會建議有下述背景，年齡介乎14至25歲的男性犯人接受勞教中心計劃：被裁定的罪行較輕、犯案日子短淺、過去從未在懲教機構服刑、有家人大力支持，以及勞教中心計劃可阻嚇有關犯人再度犯事者。該等犯人在獲釋後會接受一年輔導監管。下述個案是被法庭判進入勞教中心的例子：

1）一名體格及精神健全的17歲男犯因與未足16歲女童發生性行為罪成而被判入勞教中心。

之前，他有一次類似的犯案，曾被警方警誡。他有家人大力支持。當局認為勞教中心計劃對他可發揮阻嚇作用，使他不再犯事。

2）一名15歲男犯，最初犯「縱火」罪，之後兩度被裁定「違反感化令」。當局考慮到其體格及精神俱合適後，判其入勞教中心接受訓練。該犯人曾兩度犯案，並已多次獲感化機會，包括接受感化輔導、院舍及男童院訓練。由於該犯人有家人支持，勞教中心「刑期短、紀律嚴、阻嚇力大」的方針，應足以使其去惡向善，重新步入正途。

3）一名20歲男子被裁定藏有淫褻物品以供發布，被判入教導所。他曾3次被定罪，罪名包括「勒索及自稱為三合會會員」、「藏有第一類毒物」，以及「不付款而離去」，曾被判罰款和進入勞教中心。鑑於犯人再三犯案，當局認為教導所的長期教導計劃，會有助改變他的犯罪行為。

4）一名18歲男犯被裁定「毆打而引致他人身體實際損傷」。該名男犯曾六度犯案，曾被警方警誡，並送往感化院接受感化輔導。由於過往的感化措施均未能協助該名男犯重新做人，故犯人應接受教導所計劃的訓練，因為他需要長期品格訓練及較長的輔導監管，改變他的犯罪行為。勞教中心及教導所計劃均非為有毒癮的犯人而設；他們參與懲教署轄下戒毒所的計劃更為適合。

www.legco.gov.hk/yr98-99/chinese/panels/se/papers/p1209c.pdf

(7)：懲心共跑

懲心共跑2016年11月18日

「懲心共跑」是「歌連臣角懲教所」連續第九年，派出青年在囚人士參與「樂施毅行者」遠足籌款活動的計劃。目標是希望於懲教所接受嚴格紀律訓練的青年在囚人士，能夠給予其參與社會服務的機會，讓更新人士再次融入社會。

「懲心共跑」計劃篩選參賽者會有嚴格之標準，亦需符合一定體能要求，各人需經一個月體適能測試，達到標准的才可參加，而且會審核其紀律表現，「會睇返佢哋喺院所嘅表現、改過嘅決心等待。」

而參與「毅行者」活動期間，會有4名懲教署職員陪跑，2人先行，2人殿後，4名青年在囚人士置中，「除咗防止走失，亦能夠提供適當支援，防止佢哋受傷。」

歌連臣角懲教所小資料:

- 於1958年啟用
- 屬於低度設防院所
- 教導所
- 地址：香港柴灣歌連臣角道123號
- 收容額：192人
- 在囚人士類別：在教導所條例下受訓的男性青少年

(8)：懲教署區域應變隊

懲教署於2016年9月成立了「區域應變隊(Regional Response Teams)」（坊間又稱為「懲教飛虎隊」），隸屬懲教署的「押解及支援組(Escort and Support Group)」，專責押解高風險在囚人士、應對緊急事故及教導其他同事戰術技巧等。

如要成為「懲教區域應變隊」的成員，入隊前至少要有2年工作經驗，除了通過更嚴格的體能、槍械及押管技術評估及測試外，並須完成為期11周的「安全有效控制戰術專業證書」課程，此課程亦為香港首個戰術訓練課程，得到資歷架構認可的第4級別課程（與學術評審下的副學士學位或高級文憑相同級別）。內容有教授「專業戰術訓練」、「戰術導師培訓」及「槍械使用」等。

當中亦有較低一級的訓練課程，讓所有懲教署職員報讀的「安全有效控制戰術證書」課程。

懲教署職員於入隊前需經歷連串的「體能」、「自衞術」及「槍械技巧」等測試，亦需作身體及心理評估，現時已經有40名懲教署職員完成「戰術專業證書」課程。

「區域應變隊」隊員由於需要應對高危在囚人士，故日常裝備均會配備如「胡椒泡沫噴劑」、「伸縮警棍」等，而應對囚犯的低致命武器，則會包括:「布袋彈長槍」、可施放「催淚彈」及「橡膠子彈」的防暴槍，亦有多款彈量各異的「胡椒珠發射器」，例如「手槍形胡椒珠」發射器及「電筒型胡椒珠」發射器等，以及會配備點三八口徑手槍。

【小資訊】押解及支援組(Escort and Support Group)：
押解及支援組主要負責押解在囚人士出庭應訊、前往就醫、進行列隊認人程序或院所之間的內部轉解，並在發生緊急事故時負責向懲教設施提供策略支援。
押解及支援組亦負責管理「終審法院」、「高等法院」和「區域法院」的羈

留室、「觀塘轉解中心」，以及「瑪麗醫院」和「伊利沙伯醫院」的羈留病房。

註：
懲教署的「安全有效控制戰術專業證書」及「安全有效控制戰術證書」課程，已經正式獲得香港學術及職業資歷評審局確認通過課程評審，完成課程的學員分別獲認可為資歷架構第四及第三級別，即與副學士學位／高級文憑及文憑相同級別，成為第一支獲得這個資歷認證的紀律部隊，充分反映其專業性。

(9)：懲教署警衛犬隊

於1987年成立的「懲教署警衛犬隊」，主要負責懲教院所的「保安巡邏」、「追蹤搜索」及「緝查危險藥物和毒品」等工作，並打擊「違禁品」流入懲教院所，同時支援懲教設施的監察工作。

現時「懲教署警衛犬隊」有66頭現役工作犬，包括：

- 30頭德國牧羊犬、
- 21頭史賓格犬、
- 9頭拉布拉多犬，以及
- 6頭昆明犬。

而「懲教署警衛犬隊」分別在港島、新界、喜靈洲、大嶼山和羅湖設有五支分隊。該隊的「訓練及支援小隊」負責繁殖計劃、飼養和訓練警衛犬，以及照顧患病的狗隻。

合作繁殖犬隻計劃

海關 搜查犬組 指揮官 助理監督 袁柱明 表示，由於「懲教署」與「海關」兩部門搜查犬隊的犬隻均已達至退休年齡，預料未來對搜查犬的需求會不斷增加，為了保持搜查犬隊的穩定性，並且提高犬隻的質素，「懲教署」和「海關」於去年(2015年)開始商討有關合作，推出合作繁育搜查犬先導計劃。

懲教署 總懲教主任（懲教行動） 陳淑賢 表示，署方現時有66隻警衛犬，當中31隻於明年(2017年)年底退役，因此懲教署對犬隻需求殷切，計劃提高工作犬供應的穩定性，而且兩個部門亦可以取得合作經驗，未來會視乎計劃成效才決定是否會再合作繁殖更多的工作犬。由於繁殖計劃有極限，有需要的話亦都會外購犬隻。

是次計劃選定「英國史賓格犬」為首次合作繁殖的工作犬。而「英國史賓格犬」性格活潑，嗅覺非常靈敏，工作意慾強，是優秀的追蹤犬。

當中「海關」會負責提供公犬以作繁殖,而「懲教署」則會負責提供母犬及繁殖室,並且負責接生、餵飼和初期訓練。

至於「懲教署」和「海關」首次合作繁殖的工作犬,則由4歲的狗媽媽Atom於2016年5月17日晚上成功誕下7隻幼犬,整個接生過程歷時13小時。牠們暫時稱為「七小福」,現時約三個月大,分別是5男2女。

負責接生的「懲教署警衛犬隊」副主管 一級懲教助理 鄭樂怡則表示,今次情況比較特別。由於狗媽媽Atom是首次懷孕,而且情緒緊張及焦慮,以致生產第一隻幼犬的時候曾經出現困難,需要先安撫Atom的情緒才能夠順利生產。

「七小福」目前約3個月大,至5個月大之時,會接受疫苗以及植入晶片,在年滿一歲之後會接受為期12周的正規訓練,當中包括學習在複雜環境追蹤搜查毒品和違禁品。當通過訓練及考核後,其中5隻會派駐「懲教署警衛犬隊」負責在懲教設施內搜查違禁品等。

另外其中2隻會以抽籤形式選出,並且交回「海關」接受為期10星期的嚴格訓練,當中包括適應力訓練、銜取欲及示警能力培養。最後通過考核,便可以開始執勤,派駐機場、各陸路邊境管制站及貨櫃碼頭,嗅查進出口貨物及過境車輛是否藏有毒品、爆炸品。此外,過去懲教署的犬隻主要是自行繁殖又或者購自內地公安機關;而海關的犬隻則購自英國警察部或內地海關等機構。

懲教署退役警衛犬領養計劃

一般而言,懲教署的「警衛犬」年滿8歲就會獲安排退役,但退役不等於被遺棄。懲教署會透過完善的「退役犬隻領養計劃」,為牠們尋找合適及有愛心的人士領養。

接受公眾領養的退役「警衛犬」,全部均已通過基本服從訓練,而懲教署希望能夠為多年辛勤工作的「警衛犬」尋找一個舒適的安樂窩頤養天年。

如果有興趣領養退役「警衛犬」的人士,可以透過郵寄或電郵向「懲教署警衛犬隊」提出書面申請,來函註明「退役警衛犬領養申請」,查詢亦可致電2813 8972。

備註:懲教署2017年將會面對工作犬退役潮,18頭德國牧羊犬及昆明犬、11頭史實格犬和2頭拉布拉多犬,年底將屆8歲的退役年齡。

(10)：促進少數族裔平等權利的現行及計劃中措施

懲教署致力促進種族平等。所有在囚人士不論本身的國籍或種族，均會獲得同等對待。懲教署在支援少數族裔在囚人士方面所採取的措施載列如下。

A. 支援在囚人士的措施

現行措施

- 在囚人士在被羈押入院所後，會獲發《在囚人士須知》小冊子，讓他們了解本身的權益，以及在院所獲得的一般待遇和要求；該小冊子備有 27 種語文版本。
- 懲教署會按情況需要為少數族裔在囚人士提供傳譯服務。
- 懲教署使用具備文本翻譯功能的流動平板設備，方便前線職員與其他國籍的在囚人士即時溝通。
- 懲教署已在各懲教院所的院所醫院備有民政事務局印製的《多種語文緊急情況用語手冊》，供有需要的在囚人士使用。
- 懲教署在懲教院所的圖書館，為在囚人士提供中、英語文以外的其他語文的書籍。
- 懲教署為少數族裔在囚人士開辦廣東話學習班及提供廣東話自學材料，以提高他們講廣東話和明白廣東話的能力，協助他們適應院所的生活。
- 懲教署尊重不同種族在囚人士的宗教自由。透過司鐸及不同宗教團體，向他們提供包括探訪、教學、輔導、宗教崇拜等不同服務。如情況需要，署方會向相關領事館了解少數族裔在囚人士在宗教信仰方面的習慣。
- 署方與非政府機構合作，舉辦各類興趣班，協助少數族裔在囚人士更生。

日後工作評估

- 懲教署會定期評估及檢討關於少數族裔在囚人士的政策／措施及實施，以期進一步作出改善。

B. 職員培訓

現行措施

- 懲教署已按照《種族歧視條例》，制定《懲教署促進種族平等指引》及《懲教署種族平等政策聲明》，以供職員遵循。
- 懲教署定期把關於種族平等的資料上載至知識管理系統(部門內聯網的知識分享平台)，以供職員參考。
- 懲教署不時為職員提供少數族裔語言的訓練，包括尼泊爾語、烏爾都語、越南語、印尼語及旁遮普語及西班牙語。
- 懲教署已在入職培訓及在職培訓課程中包括關於認識種族平等的訓練。署方亦不時邀請不同國家的領事館為職員舉辦認識不同文化的培訓。

日後工作評估

- 懲教署會定期評估及檢討培訓政策，以期為職員安排合適的訓練課程，增進他們對種族平等的認識。

查詢/投訴

如有進一步查詢，請致電 2582 6025 聯絡總懲教主任(管理事務)。

如有任何投訴，請致電 2151 4499 聯絡總懲教主任(投訴調查組)。

懲教署

二零一六年十一月

(11)：建立更安全及共融社會的四個主要成功因素

懲教署的任務：保障公眾安全 協助減少罪案
建立更安全及共融社會的四個主要成功因素：

一 優質羈管服務

優質羈管服務是懲教署的核心工作之一，它亦彰顯懲教署為罪犯提供人道、穩妥、合宜和健康羈管環境的責任。然而，既要保持良好的監獄紀律和秩序，同時要營造穩定和諧的羈管環境，並不是一件容易的事，這有賴於人力資源管理及監察系統所提供的專業團隊的合作及有效率和高效益的組織管理。

在人力資源管理方面，當局透過策略性發展和不同的培訓計劃，維持一支自強不息、克盡厥職的工作隊伍。同樣地，懲教署的完善監察系統，確保轄下的懲教院所根據相關法例和規則運作。除此之外，當局會定期翻新懲教院所的設施和進行改建工程，以改善羈管環境並且令設施更現代化。

二 全面更生服務

絕大部分在懲教院所的罪犯最終都會重返社會，懲教署會協助他們改過自新，成為奉公守法的市民。因此，提供完善的更生服務亦是懲教署核心工作之一。懲教署會提供適時及恰當的介入，改變罪犯的犯罪思想及行為，提升他們謀生的技能，協助他們重投社會。要達至這個目標，我們由擁有專業資格的職員在安全、穩妥的羈管環境下提供有系統、有成效並切合罪犯需要的更生計劃。 2006 年 10 月，懲教署開始實施「罪犯風險及更生需要評估及管理程序」，以科學化和驗證為本的方法協助罪犯更生。就這一個新措施，懲

教署會根據罪犯對更生計劃的反應，以認真謹慎的方式實施並逐步發展這套程序。

三 罪犯的反應和改過決心

要成功協助罪犯在獲釋後重建新生，融入社群，優質的羈管服務以及適切的全面更生服務固然重要，但罪犯的努力及決心更是一個舉足輕重的因素。罪犯的內在動機和意願，是他們能夠珍惜機會，重過新生的主要原動力。同樣地，他們的內在動機和意願，也直接影響更生計劃的成效。假如他們能夠堅持對更生意願，他們能成功抵禦外間的引誘和保持奉公守法的行為就可以繼續。只要有堅定的意志，脫離重犯這個惡性循環便更容易達到。

無可否認，罪犯改過的決心受多種獨立但又錯綜複雜的犯罪特質、個人、社會和經濟因素影響。懲教署一直致力加強更生服務，透過全面的更生服務協助強化罪犯改過的動機及提高他們對更生計劃的接受程度。懲教署更會積極擔當主導的角色，引入非政府機構的資源和服務，協助罪犯重建新生及強化他們改過自新的決心。

四 社區支持

社會支持對建立一個更安全和共融的社會佔有非常重要的地位。其實，市民對罪犯的認知、諒解、接納和支持有助罪犯脫離再度犯罪的惡性循環。要達到這目的，最有效的方法是不斷進行公眾教育。為此，自九十年代起，懲教署致力推行多個青少年教育項目，例如「青少年面晤在囚人士計劃」，以宣揚預防罪案及罪犯更生的信息。為爭取更多社會支持及參與，署方近年來已在不同區域舉辦各項助更生活動。

(12)：「懲教主任」及「二級懲教助理」及的入職訓練課程

懲教人員是一支訓練有素、積極主動和紀律嚴明的隊伍。懲教署會嚴格揀選有志於懲教工作的合資格人士加入部門。並會為所有新入職人員提供全面訓練，讓他們掌握最新的行動和管理實務知識，以及執行職務所需的專業能力。

	「懲教主任」及「二級懲教助理」的入職訓練課程：
(1)	香港法律、規例及工作守則
(2)	處境訓練
(3)	體能訓練
(4)	步操訓練
(5)	犯罪學
(6)	自衛術
(7)	壓點控制戰術
(8)	遇抗控制戰術
(9)	武器及槍械使用
(10)	領導及信心訓練
(11)	緊急應變策略
(12)	急救常識
(13)	院所實習
(14)	社會工作
(15)	心理學
(16)	溝通技巧及外語

(13):「懲教主任」及「二級懲教助理」的職業前途及發展

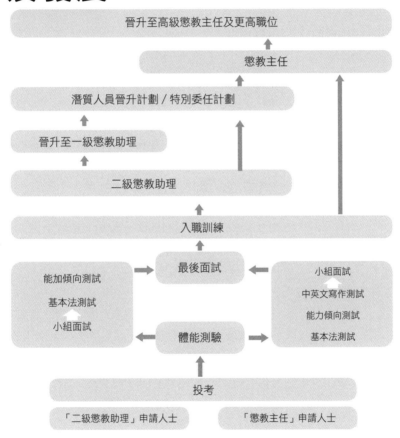

懲教署會通過持續培訓、調職安排和工作表現評核制度協助在職人員發展事業。盡忠職守、勤奮上進的人員如通過部門資格檢定考試,均有良好晉升機會。

(14)：香港法例第 234 章 《監獄條例》

(3) 證明書須以編號或標記識別其所指的囚室,而該囚室亦須在當眼位置以該編號或標記標明;如未經署長同意而更改該編號或標記,則該證明書的效力即告終止。

(4) 署長如認為任何囚室的狀況,不再與根據本條就該囚室發出的證明書所述的相同,可撤回 該證明書。

(5) 每所監獄均須設置特別囚室,用以暫時囚禁難於控制或行為粗暴的囚犯。

(15)：香港法例第 234A 章 《監獄規則》

(16)：香港法例第 239 章 《勞教中心條例》

(17)：第 239A 章《勞教中心規例》

(18)：香港法例第 244 章《戒毒所條例》

(19)：第 244A 章 《戒毒所規例》

(20)：香港法例第 280 章《教導所條例》

(21)：香港法例第 280A 章《教導所規例》

(22)：香港法例第 567 章《更生中心條例》

(23)：香港法例第 567A 章 《更生中心規例》

結語

懲教署是一支紀律部隊,那麼,何謂紀律呢?有人說,絕對的服從,就是紀律,其實,「打工」就需要服從上司的指令,這是最基本而且必需的,一個侍應可否不聽從部長的指示去工作?紀律是有一致的意思,我們向著同一目標,一致地執行任務,執勤時,是整體的工作,而不是因個別成員的喜惡去執行指派的任務。所有紀律部隊都要學習步操的,步操的時候,每個隊員的動作都是一致的,只要有一位隊員的動作與其他隊員稍有不同,不但整個隊形都會崩潰,而個別隊員可能更會因此而受傷。

作為懲教人員,處理在囚人士的時候,要以他們作為「人」那樣看待。這是甚麼意思呢?這是說,我們要照顧「人」的需要,他們既會感覺肚餓及冷暖,但亦需要別人的關心,不論是肉體及生理上的需要,還要照顧他們在情感、精神及心理上的需要。懲教署的工作,是「懲」與「教」兼備的,除了管理犯人外,還要關顧他們,當中「教」是含有關顧的元素。

隨著時代進步,懲教署在「教」方面的工作也有所轉變。舉例,在五、六十年代,教育並不普及,當時在囚人士普遍的文化水平較低,要他們應考中學會考或現在的文憑試,根本是沒可能的,但隨著教育的普及,一般在囚人士已接受過基本的教育,安排他們應考該等考試,甚至進修大學課程,部份在囚人士是能接受並有此需要的。隨著社會的進步,「教」方面的轉變是必需的。

監獄工作是其中一項最古老的行業,而現今的懲教工作,已越來越被社會人士接納及認同,而懲教人員的社會地位亦相應提高,這由於懲教署隨著時代的轉變而對「教」方面的工作,作出相應的調節及轉變。若您滿懷使命,歡迎您成為懲教署一份子,與其他懲教人員,向著同一目標,一同完成懲教署的使命。

鳴謝

本書得以順利出版，有賴各界鼎力支持、協助及鼓勵，並且給予專業指導，在內容的構思以及設計上提供許多寶貴意見，本人對他們尤為感激，藉著這個機會，本人在此謹向他們衷心致謝。

香港科技專上書院 校長 時美真博士
香港科技專上書院 懲教實務 毅進文憑課程 各位老師及行政部同事
前總懲教主任 許國泰
前懲教主任 黃耀宗

鄧國良
前懲教主任

看得喜 放不低

創出喜閱新思維

書名	懲教 綜合全攻略
ISBN	978-988-77410-9-1
定價	HK$98
出版日期	2017年2月
作者	前懲教主任 鄧國良
責任編輯	Mark Sir、麥少玲
版面設計	samwong
出版	文化會社有限公司
電郵	editor@culturecross.com
網址	www.culturecross.com
發行	香港聯合書刊物流有限公司
	地址：香港新界大埔汀麗路36號中華商務印刷大廈3樓
	電話：（852）2150 2100
	傳真：（852）2407 3062